匠意之材

——土石·竹木·砖瓦

胡月文　周维娜　主　编
王　娟　周　靓　副主编

中国建筑工业出版社

图书在版编目（CIP）数据

匠意之材：土石·竹木·砖瓦／胡月文，周维娜主编；王娟，周靓副主编．—北京：中国建筑工业出版社，2022.11

ISBN 978-7-112-28129-9

Ⅰ.①匠… Ⅱ.①胡… ②周… ③王… ④周… Ⅲ.①民居—建筑材料—中国 Ⅳ.①TU5

中国版本图书馆CIP数据核字（2022）第206172号

《匠意之材——土石·竹木·砖瓦》一书，针对现代建筑及后现代城市发展中过度关注物质功能的关联，而忽略了社会文化情感中共时·共情·共享的文化归属特性，在本书的编撰中通过绘制的方式记录本源地域原生材料与建筑之间的历史、环境、地理、文脉、艺术和地域性等要素的多元呈现，感知全球化与地方文化认同性之间的冲突与对抗，希望通过原生材料“工”与“匠”多层面的认知，还原建筑形态建构、空间序列、材料结构和肌理特质，以及由此产生的社会生活和文化意图，来传递材料与场所的复杂内涵既有的场所精神和生活体验。本书适用于高等院校环境设计、建筑设计专业师生，相关行业爱好者阅读参考。

责任编辑：唐　旭
文字编辑：孙　硕
版式设计：卢　琳　张雅雯
责任校对：王　烨

匠意之材
——土石·竹木·砖瓦
胡月文　周维娜　主　编
王　娟　周　靓　副主编
*
中国建筑工业出版社出版、发行（北京海淀三里河路9号）
各地新华书店、建筑书店经销
北京锋尚制版有限公司制版
天津图文方嘉印刷有限公司印刷
*
开本：889 毫米×1194 毫米　1/20　印张：10⅖　插页：1　字数：298 千字
2023 年 3 月第一版　　2023 年 3 月第一次印刷
定价：**89.00** 元
ISBN 978-7-112-28129-9
（40224）

编委会

主　编　胡月文　周维娜

副主编　王　娟　周　靓

参　编　卢　琳　张雅雯　刘子涵　李海洋　管戴赟　朱　云　杨田依　傅慧雪　洪佳琪　王金玲

序言

以乡土材料发展为契机，统筹研究不同乡土材料的物理属性和乡土新型材料设计。西安美术学院建筑环境艺术系在近五年开展的土石、竹木学科高地项目研究的基础上，《匠意之材——土石·竹木·砖瓦》一书以特色教学课程为根源，从土石、竹木、砖瓦的历史源流、分布特点、形成背景、演进发展、与地域民族习俗的关系，以及土石、竹木、砖瓦材料类型、空间要素、构架体系、建造程序、聚落民居建筑特色等诸方面，以绘画记录的方式深入剖析传统建筑原生材料产生与发展的缘由，及其对环境适应性的特点，展现中国传统乡土建筑匠意之材——土石、竹木、砖瓦的艺术特性，凸显其中蕴含原生材料技艺匠意的艺术特色，从而使人们感受到建筑美学和人类的生存智慧，敬畏地域文化智慧中人与自然的所属关系，直观地表达生活与生产方式。在科学技术引领发展道路的今天，以材料的艺术物理特性构架新时期发展认知，是对传统建筑材料呈现的再生价值体系的深度解析。

地域形态中的自然环境和人文环境千差万别，人们依山就势、就地取材孕育出特色鲜明的地域人居环境设计文化，亦充满了智慧的环境共生观。人类居住在历史的发展中，基于对生存环境的有限认知和需要，亦对所处的自然环境竞相做出相应的适用性调整，形成人类生存环境的再设计。纵观现当代国内外设计发展，短短的一百多年间，经历了由农业文明、工业文明到生态文明的高速发展历程。设计生产在带来方便快捷生活方式的同时，也带来了大量的资源和能量的耗竭，甚至对地球的生态平衡造成了无可挽回的负面效应。20世纪70年代初，连续两次世界范围内的能源经济危机，掀起了以建筑界为代表的节能设计运动。持续的能源危机，致使当今设计的内涵与外延由“绿色设计”到“可持续设计”，再到“低碳设计”，做出了系列的设计观念升级，并兴起了“生命周期评估”和“生物多样性”等层面的环境保护设计评估与评价标准体系。生态文明建设的国之方针已然将“人与自然·和谐共生”列入新时期中国特色社会主义根本工作方略之中，明确提出“建设生态文明是中华民族永续发展的千年大计”。

强调环境保护设计在当代生态系统中建立的价值观和审美观；重视运用生态原生材料的设计手法将本体置入整体社会资源框架中，“原生材料”内蕴含着中华民族崇尚自然的天道观，尤以“天人谐和”和“无为而为”的哲学思想为核心的美学意识，是朴素辩证思想对环境保护的自我倡导和精神维护；以普世审美境界和价值逻辑，对抗铺张扬厉无节制的环境资源索取，释放被曲解的设计逻辑，促使人们加强精神品格与生活意趣中“天成”与“人为”的整合如一。

乡土材料设计研究提倡当代环境设计中，传统而质朴的生存哲学价值的回归，更是自然环境中“物之心、事之心”的共生与共情。

周维娜书于盛夏

2022 年 6 月

目录

土石篇

一、生土材料运用技术的发源

二、地域生土材料的肌理特性

三、施工系统和生产方式

四、生土夯筑技术的展现与应用

一、生土材料运用技术的发源

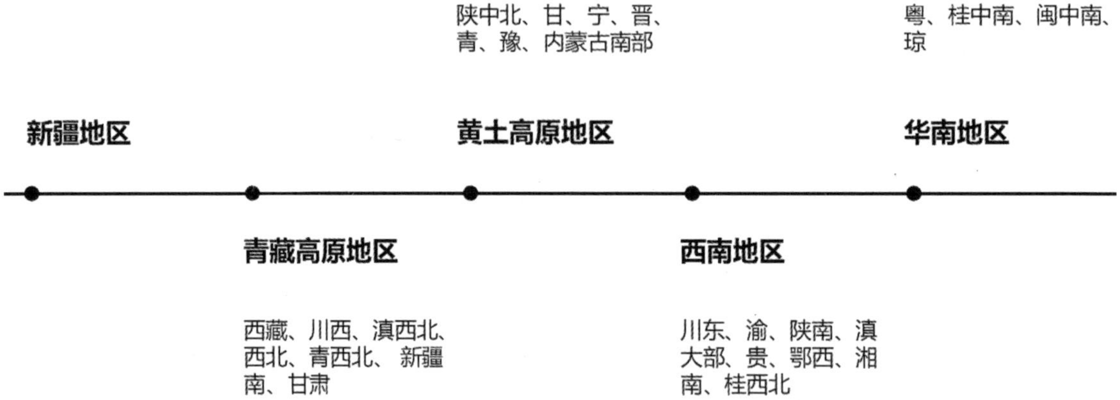

陕中北、甘、宁、晋、
青、豫、内蒙古南部

粤、桂中南、闽中南、
琼

新疆地区

黄土高原地区

华南地区

青藏高原地区

西南地区

西藏、川西、滇西北、
西北、青西北、 新疆
南、甘肃

川东、渝、陕南、滇
大部、贵、鄂西、湘
南、桂西北

1-1-1

图1-1-1

中国传统生土民居分布图

（资料来源：《新型夯土绿色民居建造技术指导图册》）

（一）生土营建之传统

通过认知地域生土材料的文化源流和环境因素，见证人居环境在传统文化中建筑物发展要素与自然环境之间的相互作用，以及特定区域内的文化延展呈现。加强地域生土材料肌理特性的观察与分析、建筑夯筑技术实际的运用和发展，有助于探索本土和现代建设的文化以及相关材料和技术实施对人类处境的研究。生土建筑在材料的应用上不仅体现有单一的土，还包含砂、石以及地方特有的红柳枝等植物茎秆纤维材料的介入，目前新型夯土中配以灰土、明矾并添加一些如土豆粉、糯米浆等固化剂，形成生态型胶合黏土以便于加强其强度，生土建筑是以土与石为主要成分的传统建筑形态。

传统建筑基材是人类早期多种聚落居住形态的机理延展和延续，是历史悠久古老建筑文化的视觉特性载体。由于地理、民族、经济、文化等因素，各区域的地域建筑形态相互独立又相互影响，建筑基础材料的肌理与其特有的文化机理造就了传统建筑类型的多样性，也使地域建筑映现出独特的文化形态，凸显“和而不同、美美与共”的建筑文化性格和场域精神。以土为材的营建方式成为传统营建的建造方式之一。生土在全国乃至世界范围内都得到了广泛应用，传统建筑中“土、木、砖、瓦、石”，以土为首正说明其所占据的重要性。在我国传统民居中，华南地区、黄土高原地区、西南地区、青藏高原地区、新疆地区便分布着大量以土为主材，各具特色的地域建筑（图1-1-1）。

【华南地区】

以亚热带季风气候为主的华南地区，由于土壤黏结性较强，夯土成为普遍的地域建筑工艺类型。从形式和地区上可分为：闽东地区的院落式大厝和三合院、四合院，闽中山区的土堡、大厝、堂横屋，闽西、闽南地区的客家土楼，以及粤北梅州地区的围龙屋等。

闽中土堡

依山而建的闽中土堡是一种大型防御式民居。堡墙厚达2～6m，底层用石块砌筑，二层以上用三合土夯筑。堡内按照当地传统民居风格建造，含礼制、储藏、接待和居住等多样生活空间，其内水井基础设施一应俱全。当地居民选在地势险要之地筑堡安身，大门外包铁皮，门上设有储水槽及注水孔等设施以防火攻。闽中土堡主要分布于福建省中部的三明市、漳平市、泉州市等地（图1-1-2～图1-1-4）。

1-1-2

1-1-3

1-1-4

图1-1-2

三明市永安市安贞堡鸟瞰图

图1-1-3

炮楼

图1-1-4

跑马道外墙

客家围龙屋

作为客家堂横屋的一种衍生类型，围龙屋在构架上采用了抬梁式与穿斗式相结合的形式。屋顶由椽子与小青瓦铺设而成，外墙为夯土或泥砖墙。近代围龙屋为提高夯土墙强度在夯土或预制泥砖中掺纸筋、黄糖、稻秆等。客家围龙屋主要分布于粤北的梅州地区（图1-1-5～图1-1-7）。

图1-1-5
梅州市兴宁市大王屋鸟瞰图
图1-1-6
大王屋远景图
图1-1-7
建筑局部图

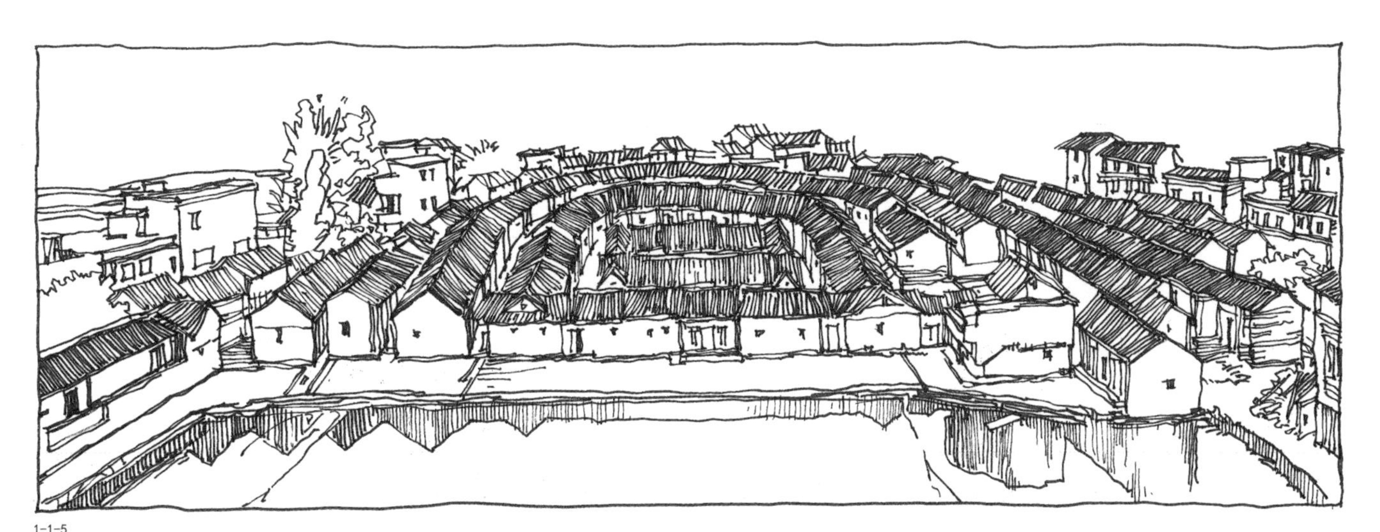

1-1-5

1-1-6

1-1-7

客家土楼

具有防震、防火、防御等多种功能的客家土楼，由土围子发展而来。土楼内为木穿斗结构，外墙由泥土、石灰渣、石灰水掺杂些许砂石夯筑而成。墙内置木头、树皮、竹篾以增强拉力。墙基以卵石铺地、四周设排水沟。为抵御外敌，起到防火御敌功能的铁皮大门是土楼唯一入口。客家土楼主要分布于福建省永定县东部以及南靖县与永定县交界地带（图1-1-8～图1-1-12）。

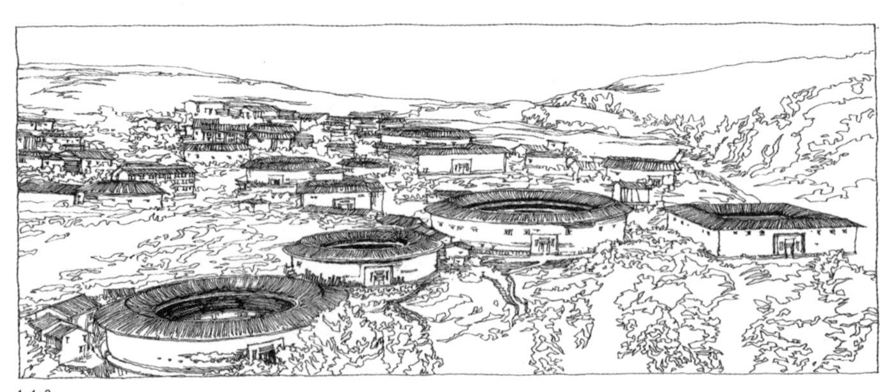
1-1-8

1-1-9

1-1-10　1-1-11　1-1-12

图1-1-8
福建土楼群鸟瞰图
图1-1-9
福建土楼群远景图
图1-1-10
承启楼建筑局部图
图1-1-11
和贵楼远景图
图1-1-12
和贵楼建筑局部图

【黄土高原地区】

作为全世界黄土沉积层最厚、规模最大的地区，黄土高原生土资源丰富且应用广泛。建筑从形制与技术构成角度可概括为窑洞民居、生土合院民居、庄廓民居以及堡寨等建筑类型。其形态广泛分布于黄土高原东、中、西部地区。

陕北窑洞四合院

窑洞有靠崖式、地坑式和锢窑三种基本形式。其中由单体窑洞根据不同地形环境组合而成的窑洞四合院，其建造材料主要有土石、砖瓦、木材等，多为就地取材的原生材料。在建造上，平地的单体窑洞建造与砖石锢窑类似，坡地的单体建造与靠崖窑类似。陕北窑洞四合院主要分布于陕北黄土高原地理条件恶劣、风沙大的区域（图1-1-13～图1-1-16）。

1-1-13

1-1-14

1-1-15

1-1-16

图1-1-13
榆林市米脂县姜氏庄园鸟瞰图
图1-1-14
上院垂花门
图1-1-15
前院
图1-1-16
碉楼

关中地坑院

具有中国北方“地下四合院”之称的下沉式地坑院是古人穴居的人居方式。其建造方式通常是在平坦的塬上垂直下挖方形地坑，经过挖坑壁→凿雏洞→修筑→粉刷→砌门脸、安门窗→修大门出口→挖渗井及排水沟等一系列流程方能建成。

其结构形式简单，有耗材少、成本低的特点。目前经过改造的地坑院往往经过几院串联形成丰富的空间组织与流线。关中地坑院主要分布于陕西关中的渭北平原地区，如乾县吴店乡、三原县柏社村、永寿县等驾坡村等（图1-1-17～图1-1-21）。

1-1-17

1-1-18

1-1-19

1-1-20

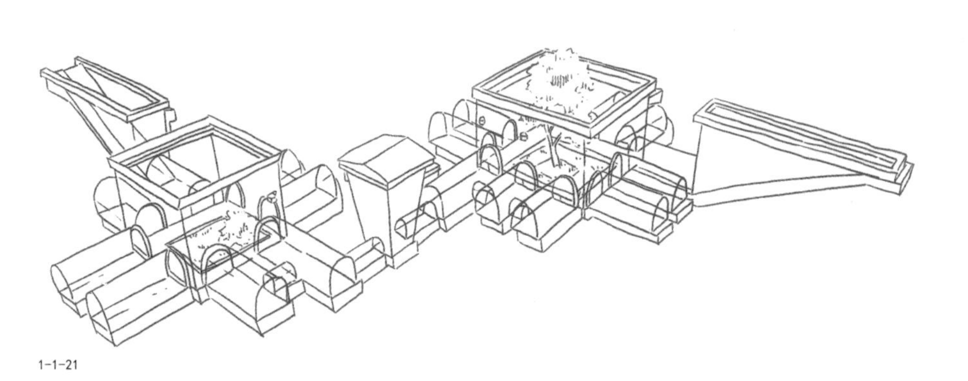

1-1-21

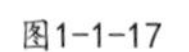

图1-1-17

三原县柏社村地坑院鸟瞰图

图1-1-18

地坑院局部图1

图1-1-19

地坑院局部图2

图1-1-20

地坑院局部图3

图1-1-21

模型图

河西走廊夯土堡寨

以古代军事建筑为原型，防御与居住一体化的夯土堡寨。堡子墙体高大，土坯砌筑墙成本过高，因此建造上大多选用施工比较简单且易操作的夯土版筑技术。堡墙四角多设有角墩，用于修建瞭望楼、房舍和通向庄外的地道。高大的堡寨大门多为墩台式，常居中开在东南墙面，墩上建有门楼，门道深而窄，以此形成一个封闭的院落，满足抵御风沙和外来入侵的需要。现存堡寨式居民建筑主要分布于武威市民勤县、古浪县，金昌市永昌县，酒泉市肃州区等地（图1-1-22～图1-1-25）。

图1-1-22
甘肃省武威市民勤县瑞安堡鸟瞰图
图1-1-23
甘肃省武威市民勤县瑞安堡鸟瞰图
图1-1-24
瑞安堡局部图1
图1-1-25
瑞安堡局部图2

1-1-22 1-1-23 1-1-24 1-1-25

汉族庄廓

生土材料与南方屋舍构架绝妙结合的汉族庄廓，其建造时序通常是先打院墙后盖房。庄廓主体由木结构承重，与夯土墙脱离，自成一体。围墙作为庄廓内房屋的主要围护结构多为夯土筑成，具有底部宽，向上渐窄的收分特点。为方便排水，屋面用草泥铺成向院内倾斜的单坡屋顶。整个庄廓外围除了大门以外不开其他孔洞，窗洞均向内院开设，烟气由厨房天窗排放。汉族庄廓主要分布于青海东部地区的湟水河两岸（图1-1-26～图1-1-28）。

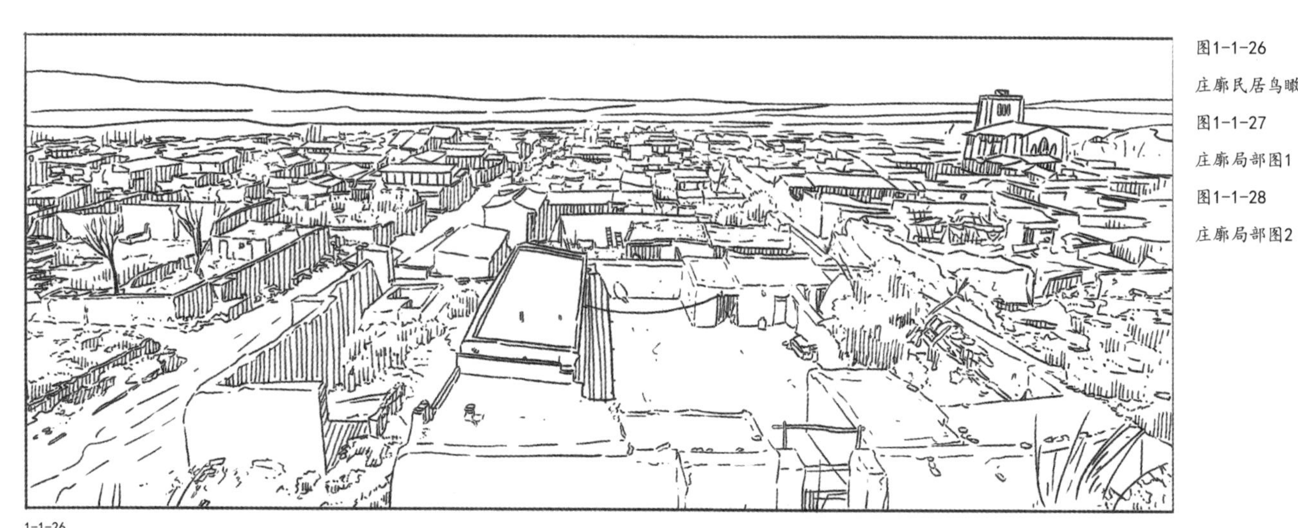

1-1-26

1-1-27

1-1-28

图1-1-26
庄廓民居鸟瞰图
图1-1-27
庄廓局部图1
图1-1-28
庄廓局部图2

【西南地区】

地形地貌的复杂性致使西南地区土壤呈现出多种土质类型，而多样的气候、地形、文化和资源则形成了土掌房、蘑菇房和一颗印等多样态的生土传统民居建筑。

哈尼族蘑菇房

房屋建筑以土石为主要墙体材料，屋面有平顶的“土掌房”和双坡面、四坡面的茅草形成。建筑整体主要以竹木构架或土墙承重，坡顶由檩构件上铺挂草条再覆盖一层茅草或稻草叠加而成，为了减缓渗水或加快屋面排水。需夯实拌好的夹石泥土，使其尽量密实，面层选用精细土料，减少其内部孔隙，整体具有良好的保温散热性能。哈尼族蘑菇房主要分布于云南省红河州元阳、红河、绿春县一带（图1-1-29）。

1-1-29

图1-1-29

哈尼族蘑菇房建筑群

彝族土掌房

堪称建筑文化与建筑技术发展史上“活化石”的彝族土掌房，建造上采用当地的木材、树叶、泥土、石灰等天然材料。以石为墙基，在其上夯筑墙体。墙上架梁，梁上铺设木板、木条或竹子，上面再铺一层土，抿捶抹平。土坪顶的创造不仅满足了生活中必需的农作物晾晒场地和室外活动空间的要求，同时还具有良好的保温隔热性能。彝族土掌房主要分布于滇南哀牢山、红河流域和金沙江流域的干热少雨地区（图1-1-30～图1-1-34）。

1-1-30

1-1-31

1-1-32

1-1-33

1-1-34

图1-1-30
土掌房民居建筑群
图1-1-31
建筑局部1
图1-1-32
建筑局部2
图1-1-33
平台屋顶
图1-1-34
巷道

【新疆地区】

西域为典型的温带大陆性气候，具有就地取材的便利条件，使得生土建造技术的应用在新疆地区十分普遍，主要集中在吐鲁番、喀什、伊犁与和田地区。其中喀什维吾尔族的高台民居、吐鲁番维吾尔族民居等生土特性更为开放多样，最大限度利用了有限的地域资源。

喀什地区民居

遗存千年之余的喀什高台建筑，现存四通八达、纵横交错的传统历史街区，呈现半街楼、骑楼、过街楼等特殊曲折的街巷关系。民居院落平面布局非对称，室内外空间布置充分利用地形和空间修建，灵活的开放性是其独特的建造特色。当地土质可塑性强、黏性高，基础处理相对较为简单。

兴建的喀什民居多以二至三层的土木混合结构为主，屋面因少雨坡度平缓。庭院总体空间尺度适宜，房间组织合理，绿化配置得体，适宜干燥小气候特质（图1-1-35～图1-1-37）。

图1-1-35 新疆喀什高台民居建筑群

图1-1-36 建筑局部

图1-1-37 街道

1-1-35

1-1-36

1-1-37

吐鲁番地区民居

为适应炎热少雨干旱的高热气候，吐鲁番民居多为土木结构的平顶房或一明两暗式的生土拱形平顶房建筑。因地制宜采用现有地形地势的聚落形式，未经砖石加固和涂抹加工的土坯墙面，其生土材料保留着地域性原生状态，表现出人文生态型的历史特点。室内底层往往通过掏和挖建成独特半地下空间，二层屋面用木檩、椽子铺以芦苇加土抹泥，兼具晾晒使用功能，而在建筑外形上采用女儿墙、挑檐、外廊、走道及拱形门窗等，增加了建筑的虚实关系，丰富了地域建筑空间形态（图1-1-38~图1-1-41）。

1-1-38

图1-1-38
吐鲁番民居鸟瞰图
图1-1-39
建筑局部
图1-1-40
街道1
图1-1-41
街道2

1-1-39

1-1-40

1-1-41

图1-1-42
香格里拉藏族闪片房鸟瞰图
图1-1-43
闪片房建筑群
图1-1-44
闪片房建筑单体

【青藏高原地区】

气温低、湿度小、气温日差大的青藏高原地区，生土资源丰富且地域广阔。受独特多变的高原气候影响，藏区典型的传统生土民居形式有“闪片房”“夯土碉房”“榻板房”等，主要分布于西藏、川西以及滇西北三省交界地区。

藏族闪片房

藏族闪片房在聚落选址、空间布局中能就地取材、适应自然，利用自然和改造自然。其屋顶与房屋构造灵活各成一体而互不相连，屋面构架按照主体支撑情况大体可以分为脊柱支撑型、马扎支撑性和混合落地支撑型。单独设置的“人”字形坡屋顶构架上，覆盖云杉木劈成的“闪片”用海螺状的石块压顶。“闪片”往往拆旧翻新，循环利用陈旧材料也是其特点。藏族闪片房主要分布于云南香格里拉高寒坝区的高山草原之中（图1-1-42～图1-1-44）。

1-1-42

1-1-43

1-1-44

藏东南夯土碉楼

东坝碉楼与当地夯筑技术相融合。在建造上先夯筑墙体，再搭室内木构架、木楼面和木屋顶，室内隔墙由木板墙或藤条骨架和泥抹面制成。居住主楼入口处为双跑式楼梯间，其余为储存粮食、农具、长途贩运物资的仓库。一层大都不对外开窗，二层以一个长方形内天井来组织一个家庭居住单元的空间，三层房间多为局部加建楼层。藏东南夯土碉楼主要分布于昌都地区左贡县东坝乡（图1-1-45、图1-1-46）。

1-1-45

图1-1-45 碉楼建筑单体

图1-1-46 藏东南夯土碉楼建筑群

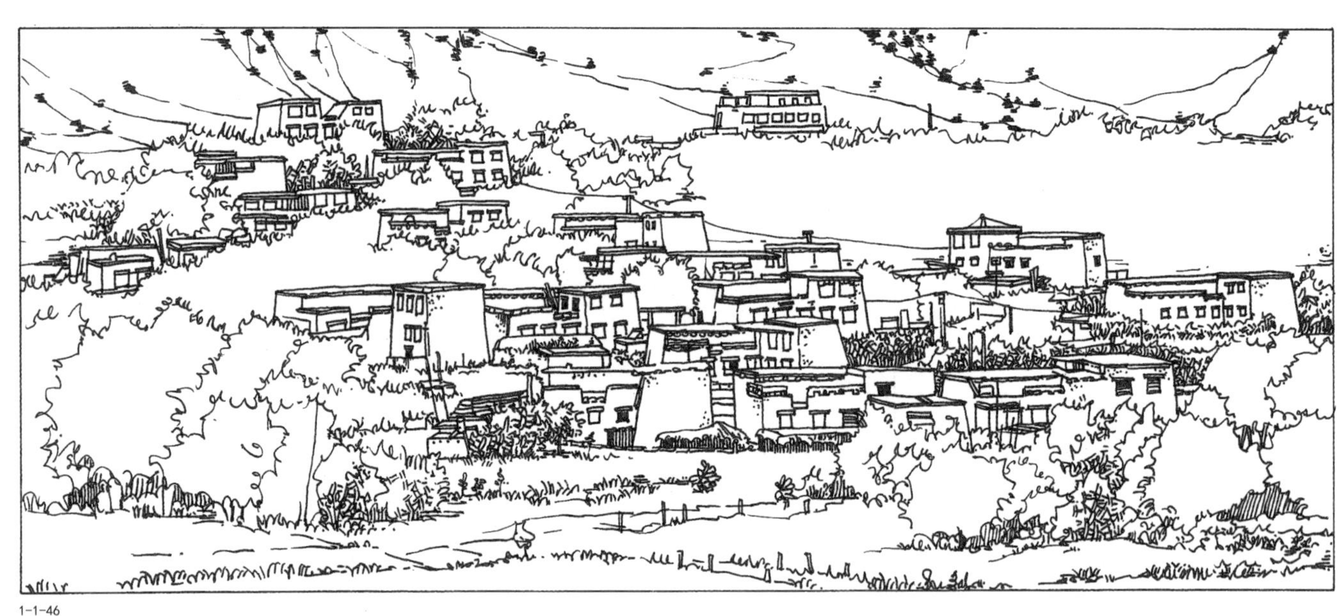

1-1-46

（二）地域生土材料的历史文化始源

通过对丝绸之路中西方文化交融的研究，黏土的运用并非是河西走廊土生土长的生土技术。葛承雍考证指出，从人类建筑史追踪溯源，埃及古王国、亚述帝国、波斯帝国以及中亚和中国新疆的土坯建筑都比黄河流域汉文化中的土坯使用要更早，工艺技术更精，历经几千年没有改变。春秋战国时期夯土技术已经相当成熟,《考工记》载:“墙高与基宽相等，顶宽为基宽的三分之二，门墙的尺度以‘版’为基数”。自汉唐以来，长期占据我国古代建筑史重要地位的筑坯技术，实际上来源于古西域地区。并且提出“考古界认为我国最早的土坯墙见于商末周初不够确切，指出商周时期土坯制作和使用还不普遍，只是在宫室建筑中偶有出现。商周时期的建筑多为版筑墙，要比土坯脱制、摸平、晒干快得多，其土层结合粘连更紧密，故而版筑夯土被普遍运用”。宋代的夯土版筑、砌墙技术较之以前有了巨大进步，夯土墙的高与厚之比从早期的1∶1变为3∶1，意味着民间住宅建筑普遍采用夯土墙的可能。明代以来，夯土建筑由于烧砖技术的发展开始逐渐减少，但是民间的民居普通还依然多有沿用，并且夯筑技术有所改变，大量使用土坯营造。事实上，“土坯”在我国又名“胡墼”，在西北的农村地区，现仍存有大量保留胡墼墙的历史建筑，例如在陕西三原县柏舍村走访时发现，现存的胡墼墙有一两百年的历史，蓝田县的偏远村舍也依然有大量胡墼墙，由于地方口音不同产生多种变音的叫法，如当地人俗称有“胡基”“胡期”“胡其”。《一切经音义》卷四十七解释，“墼”为击压泥土制方形的像坯一样的东西，不入窑烧制，用做修筑城垒的材料。《说文》：墼，令适也，一曰未烧者。段注：令适即令甓。甓就是砖，墼就是未烧的砖。土坯在河西不仅仅被广泛适用于民居建筑，同时被用于营造城墙、佛塔等，如今敦煌锁阳城的塔尔寺依然留存有土坯建造的塔的遗迹，建造技术以拱砌、垒砌为主。

由此可知，民居建筑在历史发展过程中，夯土技术占据了很重要的角色。为什么“土”可作为古建筑第一首选材料，必须分析人类居所演变的溯源，从狩猎到农业、从洞穴到房屋，经过一系列复杂生存方式的改变。先以捕猎为食，然后到以畜牧转化农耕为主，这之间的跨越也是建筑样式改变的跳跃节点。

1-2-1

图1-2-1

伊朗北部苏丹尼耶村庄俯瞰图

以洞穴为观念的庇护所转化为具有创造性的定居屋舍，之间最大变化是定居屋舍的群居样式到私密空间构筑发展的飞跃，这使建筑出现多样化。某种建筑材料的出现使这种可能变为现实，“胡墼”的创造为这种翻天覆地的变化创造了可能，垒砌墙块的形成，意味着墙的拆分和整体建筑关系的剥离，产生不同变化空间格局，单体土坯的出现使圆形主体建筑呈现长方形的空间，建筑向高级别发展出现了可能。

从世界范围看，中国古代制作土坯的技术相对古埃及、西亚和中亚地区较晚。公元前4000年的古代中东、西亚地区开始大量以土为材，生土建造传统相对独立起源于各主要古代文明古国，并作为主要载体被传播开来。公元前6世纪，波斯帝国征服古埃及和西亚后，吸取了用土坯建筑宫殿、住宅的方法，其砌筑技术十分精湛。公元前4世纪以后，马其顿帝国东征到中亚边缘，中亚大部分地区受其影响，以土坯砌作的拱顶建筑旋即蔓延开来，从巴勒斯坦杰里科古城距今11000年的土坯房屋遗迹，古埃及拉美西斯神庙中距今3200年的土坯拱圈房屋残垣，约公元前3000年伊朗北部苏丹尼耶村庄，现存300年前的也门希巴姆老城夯土高层建筑（图1-2-1～图1-2-5），以及在我国新疆境内就发现有公元前2世纪的土坯建筑。从时间节点中可窥历史的源流，说明生土建筑发展的技术来源问题。

传统生土营建工艺——历史发展脉络

B.C.6000

兴隆洼文化遗址，内蒙古内敖汉旗

B. C. 6300～B. C. 5400

半地穴房屋中已出现穴壁表面抹草拌泥、夯实黄土形成坡道等遗迹。同时期的山东淄博后李文化遗址中、半地穴房屋室内地面也采用夯土作为下部垫层。

B.C.5000

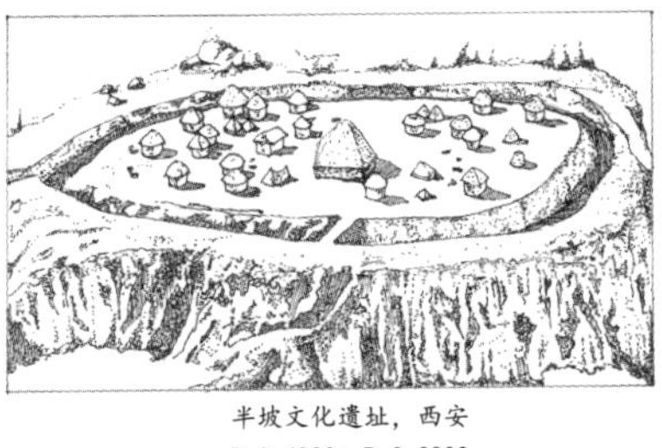

半坡文化遗址，西安

B. C. 4900～B. C. 3800

已出现木骨泥墙、采用回填土夯实做柱基、草泥土抹面处理居住面、利用草筋泥做屋面防水等。大叉手屋架、木骨泥墙和草泥涂抹屋面，形成了以木构为骨干的原始建筑土木混合结构体系。

图1-2-2
也门希巴姆老城夯土高层建筑
图1-2-3
街道
图1-2-4
广场
图1-2-5
建筑局部

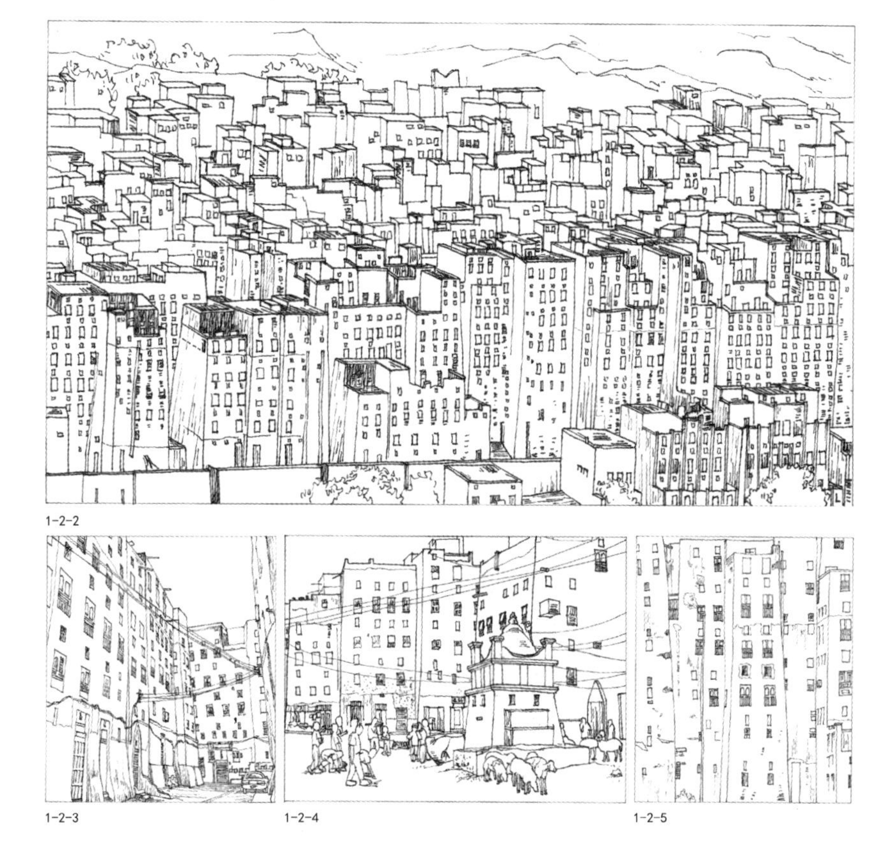

1-2-2 1-2-3 1-2-4 1-2-5

从中外文化交流的历史角度看，远在汉代张骞通西域之前，中亚的游牧民族就穿梭于东西方之间。汉通西域之后，随着外来胡帐、胡床、胡座等家具的输入，使中国家具也由席居渐渐转换为高足家具，对中原建筑整体尺度的升高起了促进作用，这说明在丝绸之路的文化交融中，技术工匠的文化传承也在起着传播作用。沿着古代的"丝绸之路"，西亚、中亚的土坯制作技术自然也与外来民族（又称胡族）移民一起来到中原。其中葛承雍还认为，中原工匠模仿西域制作大土坯是为了区别内地类似泥砖的"土墼"，遂称"胡墼"，道破了土坯技术的来源。事实上考古文物实例已证明，中亚的"胡墼"尺寸普遍要比汉地的"土墼"大。所以，"胡墼"的语源叫法有着丝绸之路的历史背景，是中外建筑文化交流的产物，也是汉人接受胡人文化的历史见证。例如，在建筑的最基础元素中我们能够看出甘肃瓜州锁阳城塔尔寺遗迹，耸立的土塔残迹中土坯砖垒砌清晰可见，建筑材料背后体现着丝绸之路宗教文化交流的互融性（图1-2-6）。

二、地域生土材料的肌理特性

（一）传统夯土的分类

夯土土料可分为两类：一类是生土，一类是熟土。三合土为熟土、砂和石灰按一定比例合成的混合土（图2-1-1～图2-1-3）。

生土是自然界经过千万年自然堆积形成的原生土壤，也叫死土、净土，它颜色均匀、结构细密、质地紧凑、有机质含量低；熟土为考古界专用名词，意为翻动过的土，也就是被人开垦过的土；三合土顾名思义，是由三种物质配置、夯实而成的建筑材料，有时代、地区之分。明代由石灰、陶粉和碎石组成，清代除石灰、黏土和细砂组合外，还可由石灰、炉渣和砂子组成，在此配比中，石灰均为不可或缺的材料。

图2-1-1 生土

图2-1-2 三合土

图2-1-3 熟土

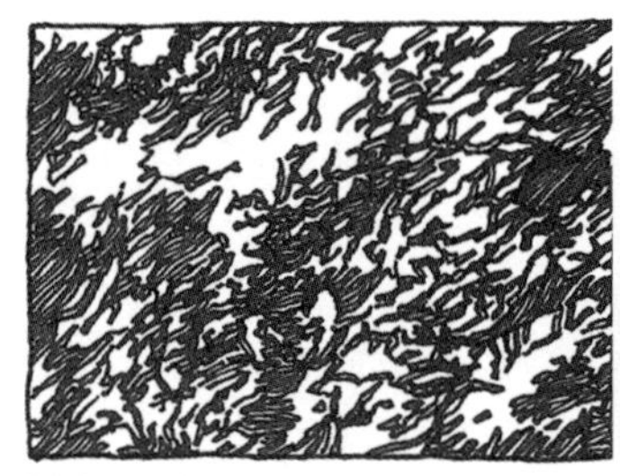

2-1-1

2-1-2

2-1-3

（二）夯土材料特性

【传统生土材料的优缺点】

现如今夯土材料重回大众视野，从生态可持续发展的视角看，夯土材料是最具性价比的建材之一，蕴含着极大的生态应用潜能，但同时也存在诸多不足。为了克服这些不足，近几十年，欧美一些发达国家对土壤原料进行了深入探究和改良，以现代材料的科学理论为基础，形成了一套划时代的现代生土材料优化理论体系。只需调整生土组成关系，无需添加化学改性剂，适用于大多数土壤类型和各种材料用途（如夯土墙、生土块、生土黏结材料和生土装饰材料）。

图2-2-1
传统生土材料的优缺点

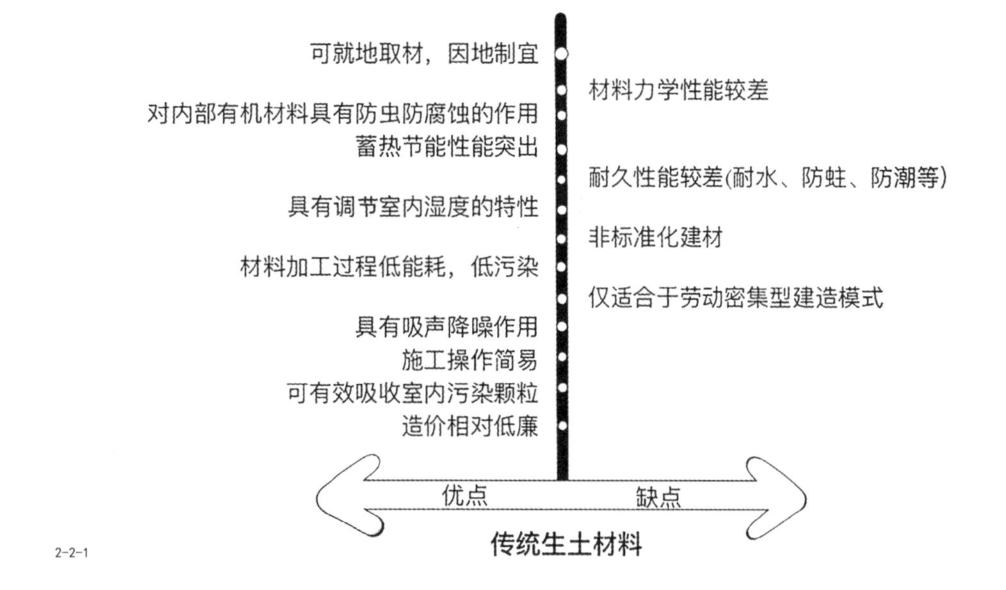

2-2-1

以夯土墙为例，根据原土土质构成的不同，添加一定比例的细砂和石子，使混合物形成与混凝土相近的骨料构成（即：以原土中的黏粒取代水泥成分，形成黏粒、细砂、石子的骨料配比构成），通过水分控制和强力夯击（大于5MPa）所带来的一系列物理和化学反应，使夯筑材料最高可达到黏土砖的强度，并且新型夯土墙体防水、防蛀、防潮等耐久性能也得到极大的提升，有效克服了传统生土材料在耐久性能和力学性能等方面的固有缺陷。经过大量的工程验证，生土材料已被国际上公认为实现绿色建筑性价比最高的建筑材料之一，在发达国家以及众多发展中国家村镇建设和绿色建筑营造中占据着举足轻重的地位（图2-2-1）。

【生土混凝土】

新型夯土材料中的土壤是底层母岩在自然环境下经过一系列物理、化学反应以及动植物生命过程作用的转化结果。如果用粒径标准对这一过程中产生的“土壤”进行细化分类，可以得到岩石、石块、砾石、细砂、粉粒和黏粒（图2-2-2）。

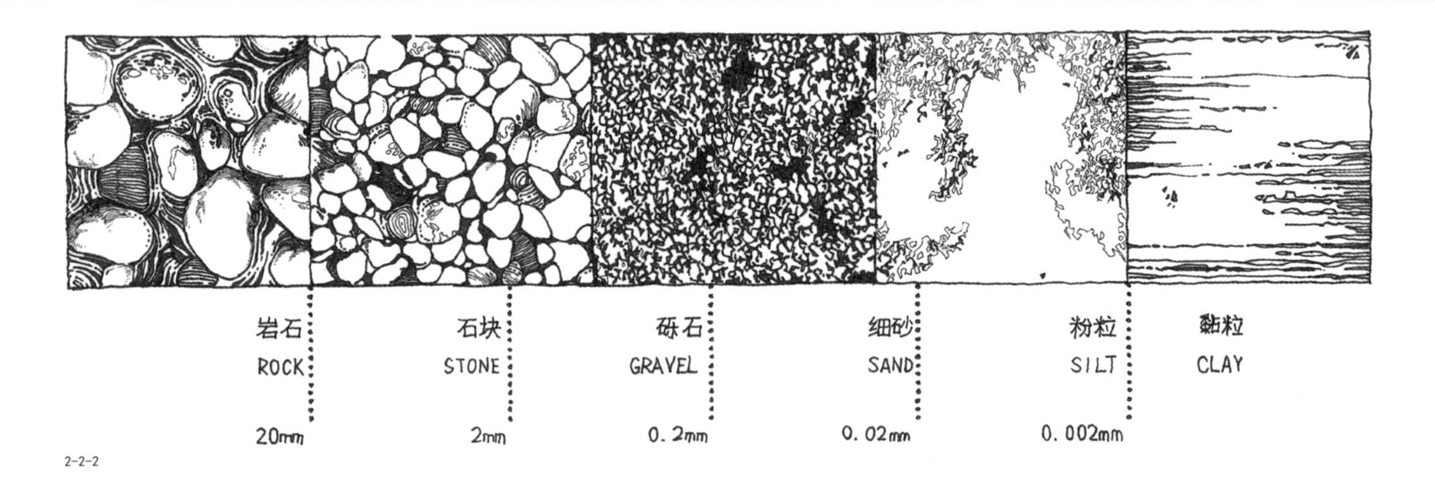

2-2-2

大自然逐渐把岩石分解成越来越小的颗粒，其中黏粒颗粒最小。利用其胶结作用将稍大的颗粒黏结起来，这种材料可用于建造具有一定高度的建筑。

以黏粒为黏结剂，生土可作为天然混凝土进行操作（“混凝土”是专业术语，指在黏结剂作用下各颗粒凝聚而成的一种建筑材料）。根据原生土土质构成的不同，再掺入一定比例的细砂和砾石的同时保持适当水分，并施加高强度的夯击，黏粒可起到黏结剂的作用，使各粒径构成紧密聚合，夯筑体的力学和耐久性能随之大幅度提高。其原理与混凝土相似，因此常称为“生土混凝土”（图2-2-3）。

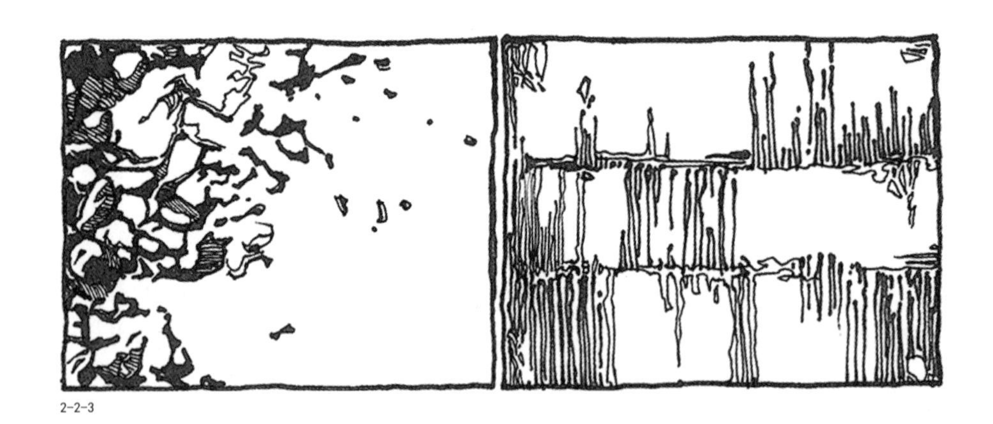

2-2-3

图2-2-2

土壤中不同粒径颗粒

图2-2-3

混凝土与生土“混凝土”

【颗粒、水与黏粒的关系】

1. 颗粒尺寸与空隙

任何土壤都是由大小不同的颗粒组成。无论颗粒大小，颗粒之间都存在一定空隙，包含有水和空气。正因如此，夯土墙体的结构性受到了极大削弱。为了避免此类问题出现，夯土在夯筑时需要被强力压实。

2. 填充空隙

无论哪种材料，空隙都会影响其结构，生土材料亦是同样道理。空隙越少，材料强度越高。空隙率主要取决于生土材料的颗粒粒径组成。一堆土含有50%左右的空隙，土堆即为松散的、透气的、不稳定的材料。当生土倒入模板夯实之后，随着土中空隙的减少，生土则变成一种稳定的材料。由于粒径颗粒均质的土壤难寻，为达到图示效果，需将单位空间内粒径小的盐粒以及粉粒填入粒径较大的细砂、砾石和石块空隙之间，以保证各粒径颗粒比例合适。此情况下混合料的空隙最小，新型夯土墙体的强度也可达到最理想的状态（图2-2-4）。

3. 毛细作用

水能使土壤中的颗粒结合并排列整齐。水与物体接触的表面边缘称为“新月”。当一根细管插入水中，水会吸附在管子的边缘形成新月。如果管子足够薄，使两边的新月互相连接，水就会沿着管子上升。这种现象被称为“毛细现象”。从显微镜上可以看出，水和黏土是相连的颗粒（砾石、砂和粉粒混合物）。水有助于增强黏土的粘结能力，黏土的黏度取决于水的毛细力，所以水量至关重要。不同的水分含量会使混合料处于不同的状态。因添加的水越多，墙上出现的裂缝就会越多，故理想状态的生土混合物仅需使用最少量的水（图2-2-5）。

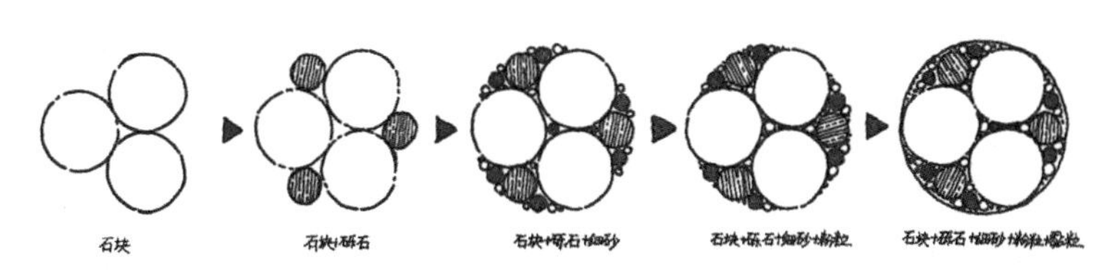

图2-2-4

土壤中各颗粒之间作用示意图

（资料来源：《新型夯土绿色民居建造技术指导图册》）

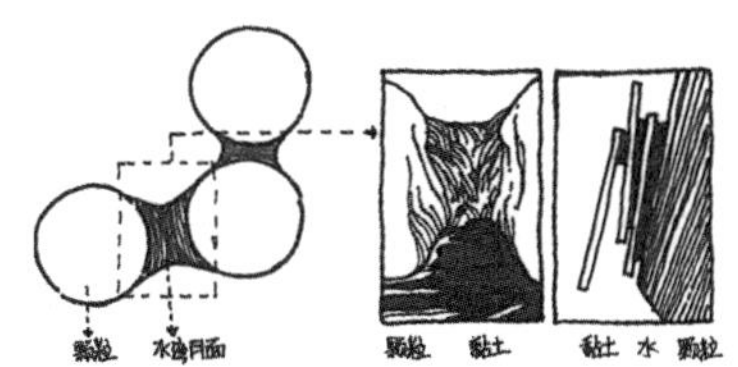

图2-2-5

显微镜下颗粒与水分关系

（资料来源：CRATere-ENSAG）

所有黏土颗粒都是不同的。黏粒是由肉眼无法识别的微小元素组成。当与水混合时，黏土就像一个着色均匀的面团，可以用作胶合物。用电子显微镜观察会发现，黏粒的形状不同于构成土壤的其他颗粒，属于片状扁平形态。由此可见，黏粒是土壤的黏结剂，其他颗粒是土壤的主体。作为一种建筑材料，两者缺一不可。通过显微镜观察可知，不同地区土壤中的黏粒分子排列和形状各有不同，除个别类型土质外，大部分土壤中的黏粒呈“碟状”，符合现代夯土材料需求（图2-2-6）。

2-2-6

4. 新型夯筑墙体表面耐水性观察

黏土的“碟状”决定了在夯筑过程中，仅使用黏土，没有其他颗粒作为主体并辅之适当水分，黏土颗粒依然可以紧密结合。这也是我国，特别是西部地区，传统夯筑（80%以上的土料为粉粒和黏粒）力学性能及耐久性较差的主要原因（图2-2-7～图2-2-13）。

2-2-7

2-2-8

图2-2-6
显微镜下黏粒分子排布
（资料来源：CRATere-ENSAG）
图2-2-7
破旧夯土墙基础泛碱
（资料来源：《现代夯土建造工艺在建筑设计中的应用研究》）
图2-2-8
新夯墙体强度差
（资料来源：《新型夯土绿色民居建造技术指导图册》）

2-2-9

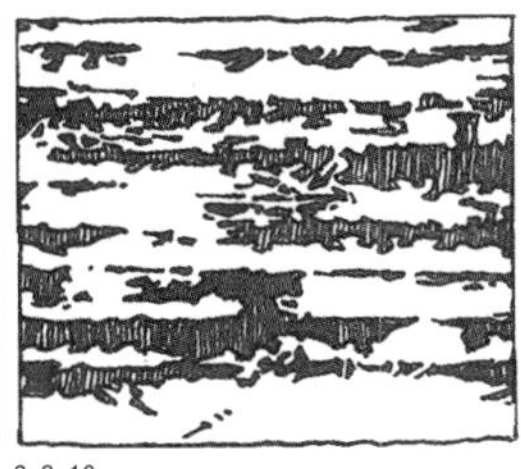
2-2-10

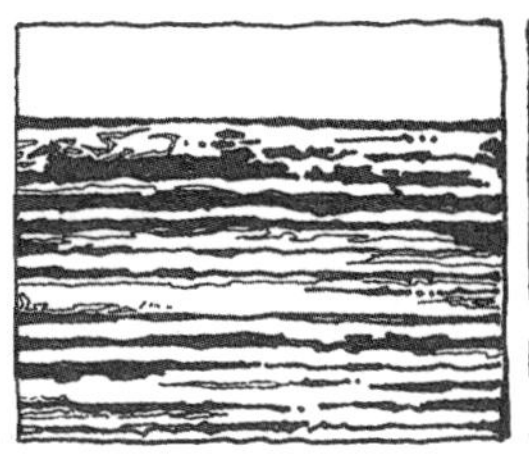
2-2-11

2-2-12

图2-2-9

刚夯筑完成的夯土墙表面

图2-2-10

经过为期 3 年雨水直接冲刷的夯土墙表面，砂石参与下的水合作用使其表面已趋于稳定

图2-2-11

甘肃地区夯筑10年后的传统夯土墙表面侵蚀状况

图2-2-12

不同砂石配比下的夯筑试件耐水测试现场

图2-2-13

通过试验可以看到，适当地加入砂石可以极大地提升夯筑体的干缩率和耐水性能

（资料来源：《新型夯土绿色民居建造技术指导图册》）

5. 耐水性能

黏粒是土料中的主要吸水成分，也是传统夯土（黏粒含量一般较高）干缩裂缝和耐水性能较差的主要原因。通过大量试验可以看出，适当掺入细砂砾石和高强夯土，不仅可以提高夯土的力学性能，而且可以有效地提高其耐水性和抗冻融性。特别是在新型夯筑体表面，砾石和细砂能有效阻挡外界水分的侵蚀。不仅如此，经过一定时期的雨水侵蚀，其表面会逐渐形成趋于钙化的“保护层”，这也是我国南方许多夯土墙（一般含砂量和含石量较高）表面质地坚硬的主要原因。

6. 混合料的状态

综上可知，混合料需要适量的水分，如果水分过多或过少，混合料就会表现出不同的状态，这将直接影响其作为新型夯土墙体材料的适用性。因此，有必要定性地判断哪种混合料状态适合现代夯土施工。

以实际项目（万科大明宫夯土景观墙）的土壤为样本，针对含水量对夯土混合料的影响进行系统的研究分析（图2-2-14）。

通过向一定重量的夯土混合料中添加不同水分（0%、2.5%、7.5%、12.5%、22.5%，为该次土壤配比的数据，不同配比的混合料需要的水分会略有不同），并将混合料调整为以下五种形态（图2-2-15），分别定义为Dry（干燥的）、Humid（潮湿的）、Plastic（可塑的）、Viscous（黏稠的）、Liquid（液态的）。将不同状态的混合料放置进特制的模具中，使用不同的力度Filling（填充至指定高度，用手抹平），Pression（用手按压至指定高度），Compaction（使用工具手动夯击至指定高度）进行试件夯筑。待完成一系列试件后，观察试件形态，发现处于Humid（潮湿的）状态的混合料，在经过Compaction力度的夯筑后，试件在稳定性和强度上最为理想（图2-2-16）。

图2-2-14

混合料的五种状态

（资料来源：《现代夯土建造工艺在建筑设计中的应用研究》）

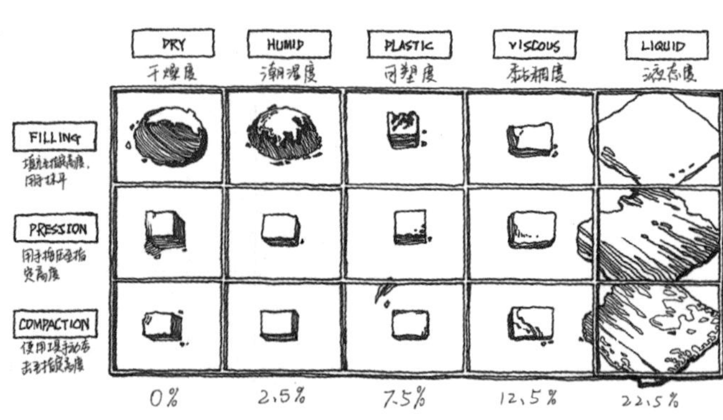

图2-2-15

混合料状态实验

（资料来源：《现代夯土建造工艺在建筑设计中的应用研究》）

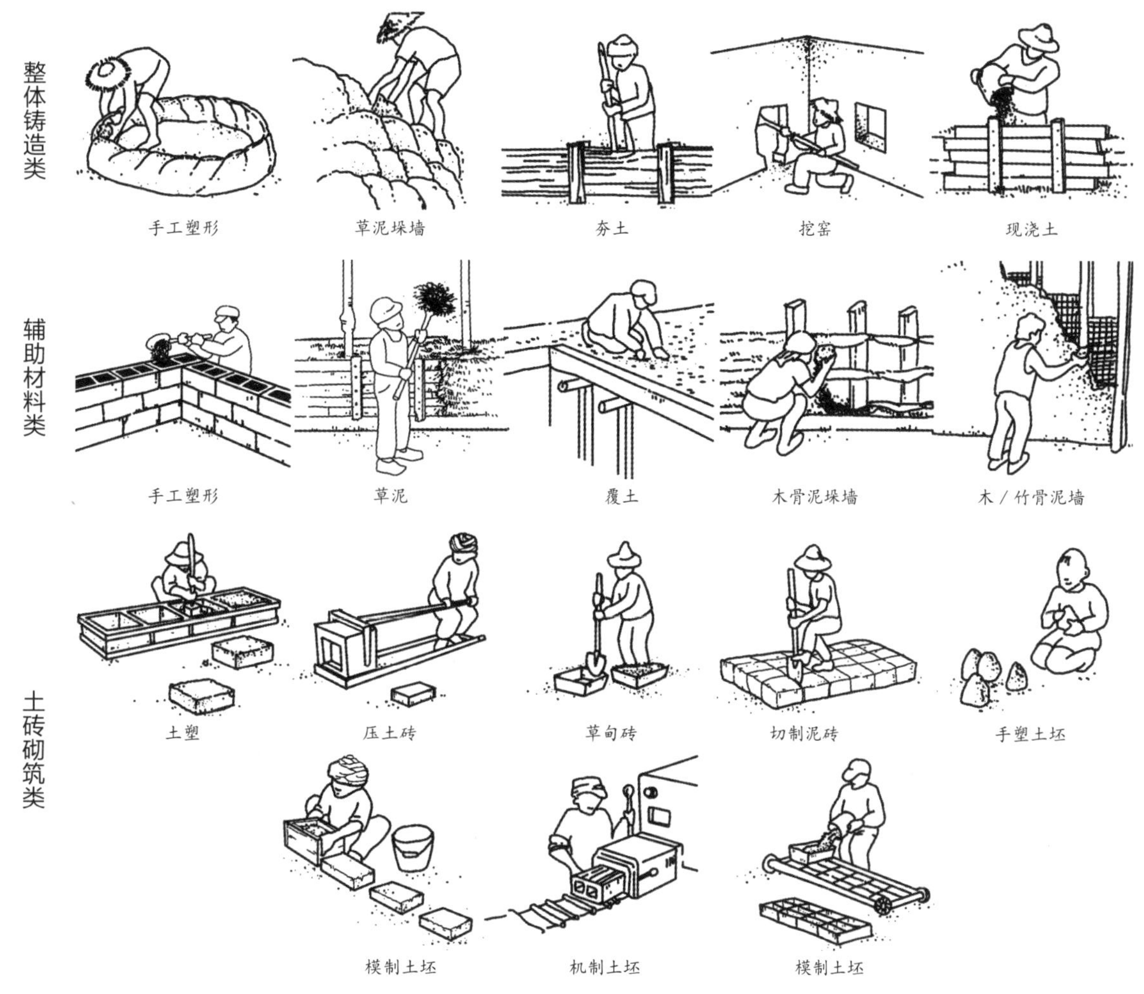

图2-2-16 传统生土材料的应用类型（资料来源：《新型夯土绿色民居建造技术指导图册》）

研究不同混合料的状态，可以满足不同生土建筑类型的使用需求。对于新型夯土建筑而言，水分过多或过少对于夯土建筑来说都不适宜，只有当混合料处于Humid（潮湿的）状态时，经过强力夯击后完成的试件才可以满足新型夯土建筑的使用要求。[①]

① 此章节数据引用王帅学位论文《现代夯土建造工艺在建筑设计中的应用研究》。

三、施工系统和生产方式

（一）主要传统夯土的施工工艺

【夯土工具】

夯土工具（夯杵）最早出现于原始社会晚期，早期为石杵，杵身粗壮，又直又短。战国时期开始使用铁杵，直至秦汉时期夯杵有了较大改进，出现表面光滑平整、尺寸各异的夯杵（图3-1-1）。

合适的夯杵大小和重量以单人使用方便为准。夯头一般上小下大或上下一致，下部较平，其直径约10～15cm。明清时期的夯杵种类较多，杵头有铁、石、木等，夯头大小不一，形式多样，其中木夯尤甚，以致各地均不太相同（图3-1-2）。

木杵材料多采用硬木，如枣树、槐树、榆树、柏树等。在北京地区，每根长7m、直径20cm，上下直而圆，底部平坦，称为平底木夯。常用的铁夯直径15cm、高15cm。清代还出现了夯碢，后来发展成夯硪，用于大面积夯土（图3-1-3、图3-1-4）。

3-1-1　3-1-2

图3-1-1
陕西阿房宫出土秦代夯头
（资料来源：《中国古代建筑技术史》）

图3-1-2
清代木夯、夯碢及其操作
（资料来源：《钦定书经图说》）

图3-1-3

近代夯土工具

（资料来源：《中国古建筑瓦石营法》）

图3-1-4

西藏夯土墙墙架及夯杵

（资料来源：《中国古代建筑技术史》）

图3-1-5

夯硪操作场面

（资料来源：谭徐明《中国灌溉与防洪史》）

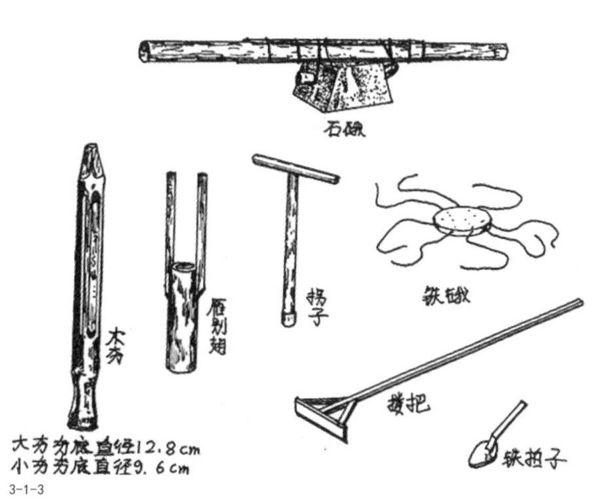

3-1-3

3-1-4

【国内传统夯土的夯筑类型】

清代常用的打夯方法按工程对象可分为墙基打夯、大面积台地打夯、筑城打夯、筑台打夯等。在北京地区，墙基打夯有相对法、对向法和纵横向法三种。在清代有一种重型打夯工具“大硪”，分石制和铁制两种，需多人合力使用。使用时，每人拉住一根“大硪”四周拴有的绳索，同时扬起，再下拉，将土堤层层夯实。根据其形式、质量和性质，可分为八人、十六人、二十四人硪，大硪适用于大面积平台的夯实（图3-1-5）。

夯硪

[拼音][hāng wò]

[释义]捣压。

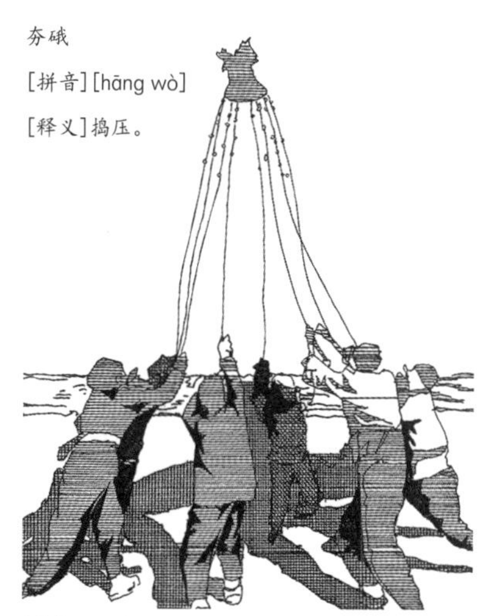

3-1-5

【版筑工艺】

版筑适合有一定厚度要求的台体或墙体，它的技术核心是将夯土对象的四周用板或椽子加以限制，从而较为精确地控制夯土对象的体积。版筑的工具有打墙板（也可用椽或杆代替）、椽子插竿、立柱、横杆、大绠、抬筐、扁担、簸箕等。

版筑按所用模板类型分为两类：一类为桢杆筑法（也叫椽筑法），另一类为版筑法。椽筑法：《事称绀珠》："桢干，植木以筑墙。""桢"是筑斜收墙的端模板，形状与墙的断面同；"杆"是圆木，用来做筑墙的侧模板，宋代称为"膊椽"。桢放置于两杆之间，用草绳把相对两面的杆连接缚紧，填土夯筑，然后割断草绳，把杆上移，再缚紧后夯土。每夯一层称一"步"，逐步上移，直到所需高度，即成一"堵"墙。接着把其中一桢侧移，利用已筑成墙的一端代替另一桢，继续夯筑第二堵墙，逐堵接续，直至所需长度为止（图3-1-6）。

"版"是筑堤用的模板。《尔雅·释器》称："大版谓之业"，《说文解字》："筑，捣也"，即人力捣实。版筑墙用两块侧版和一块端版组成模具，另外一端加活动卡具。侧板较长，称"栽"（宋代称脯板）。夯筑后拆模平移，连续筑至所需长度，称第一"版"；再把模具移放至第一版之上，筑第二版；五版之墙高一丈，称为一"堵"，逐版升高直到所需高度为止。用这种方法筑成的是一道整墙，以若干版叠加而成（图3-1-7）。

图3-1-6
关中地区椽打墙墙架图
（资料来源：《中国古代建筑技术史》）
图3-1-7
四川版筑法夯土墙夹
（资料来源：《中国古代建筑技术史》）

版筑
[拼音][bǎn zhù]
[释义]打土墙的一种方法。先按墙的宽窄要求在两边立板，然后向两板之间填潮湿泥土，夯实后去板成墙。后泛指土木营造之事。

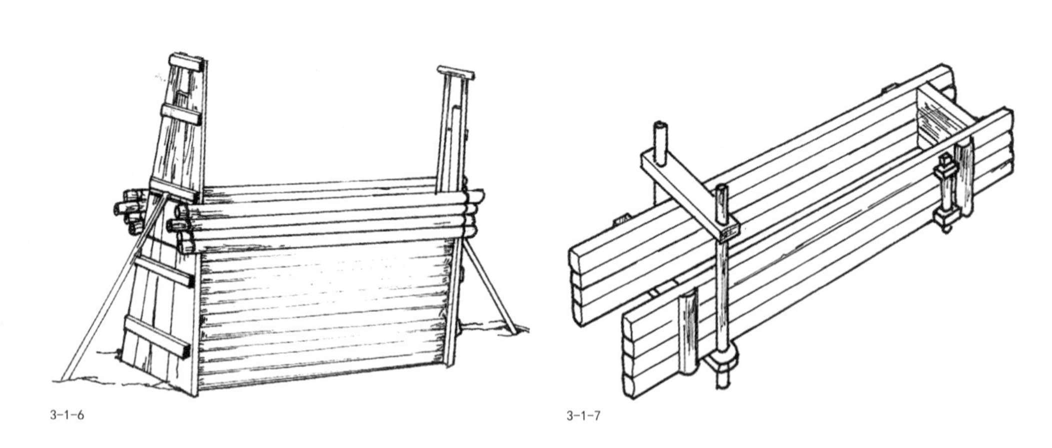

3-1-6　3-1-7

小夯灰土的做法

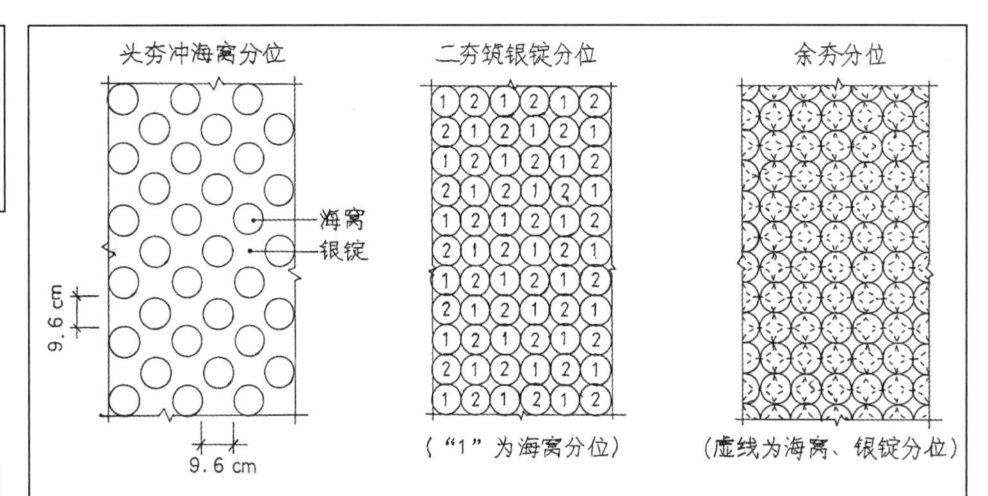

图3-1-8

小夯灰土夯筑分位图

（资料来源：《中国古建筑瓦石营法》）

具体步骤如下：

（1）用大硪拍底1～3遍。

（2）将经水泼成泼灰后的生石灰和黄土过筛，然后按4∶6混合。

（3）将混合均匀的灰土铺在槽内，用灰耙耧平，每层7寸厚。

（4）行头夯，叫“冲海窝”，窝间距3寸。

（5）行二夯，叫“筑银锭”，在海窝之间的位置上夯筑。

（6）行余夯，叫“充沟”或“剁梗”在海窝、银锭之间的位置夯筑。

（7）用铁锹将灰土铲平。

以上是“旱活”的程序，可重复1～3次，每次分别叫“加活”“冲活”和“跺活”。

（8）落水，就是用水泼在旱活上，将灰土打湿，一般在晚上进行。

（9）洒渣子，为了防止落水后灰土粘夯而在表面撒一些碾细的砖面。

（10）起平夯一遍，打夯时手举过胸。

（11）行高夯一遍，打夯时手举过头顶。

（12）用铁锹找平。

（13）打旋夯1～3次，大夯时人要跃起，旋转落下。

（14）打拐眼，即用拐子用力旋转下压，使灰土出现圆坑。

（15）打高硪两遍，要用十六人硪或二十四人硪。

（16）如果要夯的区域不能一天完成，就要将与下次交接的地方重新翻起来，叫“搓子”。边角部位，用铁拍子拍实，叫“掖活”。

【中国传统夯土的操作工序】

清代《工程作法》记有大夯灰土筑法、小夯灰土筑法（图3-1-8～图3-1-10）两种夯土工程。大夯灰土筑法又分大夯大式灰土筑法和大夯小式灰土筑法。

小夯灰土筑法又分为二十四把小夯、二十把小夯和十六把小夯。二十四、二十、十六代表的是每个位次夯打的数目，除此区别外，三种夯法的操作程序完全相同。

按《管子·度地》的说法，夏历“春三月”是土作施工的最好时机。因为这个季节“天地干燥”，土料的含水量比较适宜，容易保证施工质量（“土乃益刚”）。

大夯大式灰土的做法

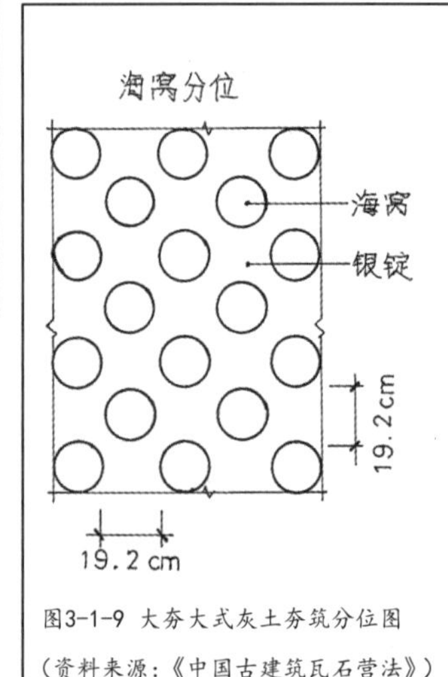

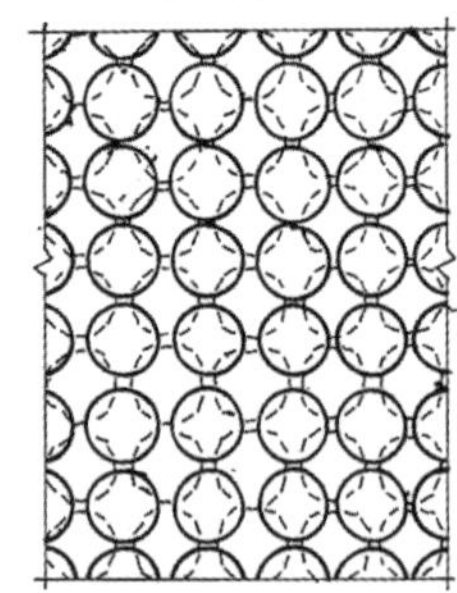

余夯分位

（虚线为沟窝、银锭分位）

图3-1-9 大夯大式灰土夯筑分位图

（资料来源：《中国古建筑瓦石营法》）

具体步骤如下：

（1）铁硪拍底1～2遍。

（2）白灰黄土过筛后3：7混合，虚铺22.4cm，夯实16cm。

（3）冲海窝，每窝间距6寸。

（4）筑银锭，每位次打八夯头。

（5）行余夯，也叫剁梗。

（6）掖边。

（7）反复三遍。

（8）三遍夯后，找平落水洒渣子。

（9）用雁别翅或大夯"乱打"。

（10）打高硪两遍，串硪一遍。

大夯小式灰土做法

头夯分位及行夯路线

大活 大活 大活 大活

小活 小活 小活

2、3、4夯分位及不能均分时的处理

图3-1-10 大夯小式灰土夯筑分位图

（资料来源：《中国古建筑瓦石营法》）

具体步骤如下：

（1）用硪或夯将槽底原土拍实。

（2）白灰、黄土过筛后3：7混合，虚铺三步，分别为25cm、22cm、21cm，夯实后均为15cm。

（3）脚踩。

（4）打头夯，夯窝间距38.4cm，每窝打三次，其中至少一次为高打。

（5）打二夯，三、四夯，打法同头夯，但位置不同。

（6）剁梗。

（7）掖边。

（8）用铁锹找平。

（9）落水，水要落到家。

（10）当灰土不再粘夯时，再次夯筑。

（11）用八人硪打高硪两遍，最后一步灰加"颠硪一遍。"颠硪"也就是串硪。所以小式大夯灰土做法有"三夯两硪一颠"的说法。

【国外传统夯土技术及步骤】

国外传统夯筑工具（图3-1-11～图3-1-13）。

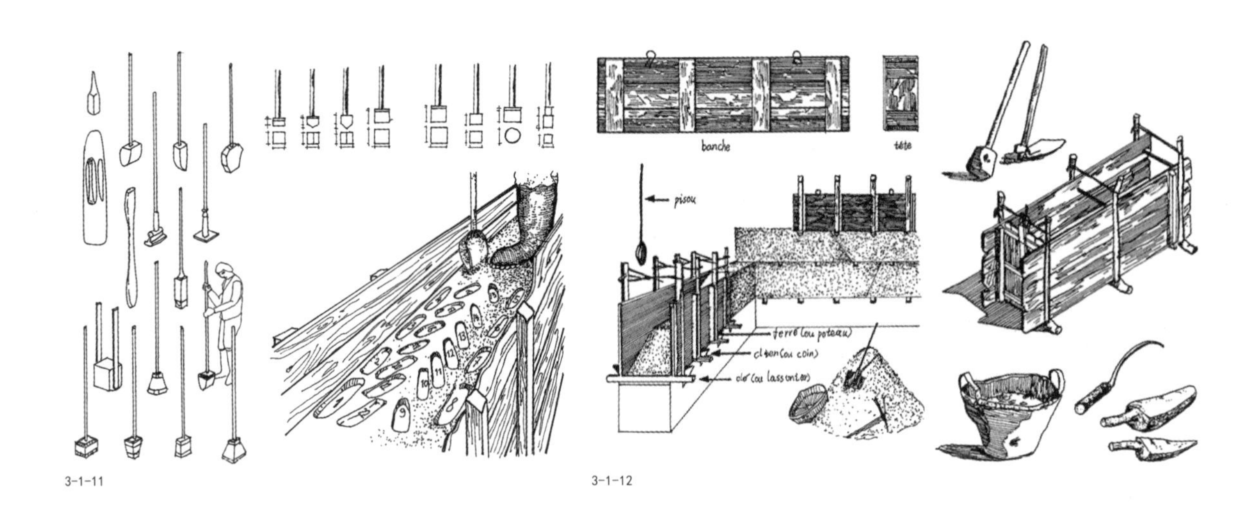

3-1-11

3-1-12

图3-1-11
国外传统夯筑工具图1
（图片来源：CRATerrc
整理绘制）

图3-1-12
国外传统夯筑工具图2
（图片来源：CRATerrc
整理绘制）

图3-1-13
国外传统模板施工示意图
（图片来源：CRATerrc
整理绘制）

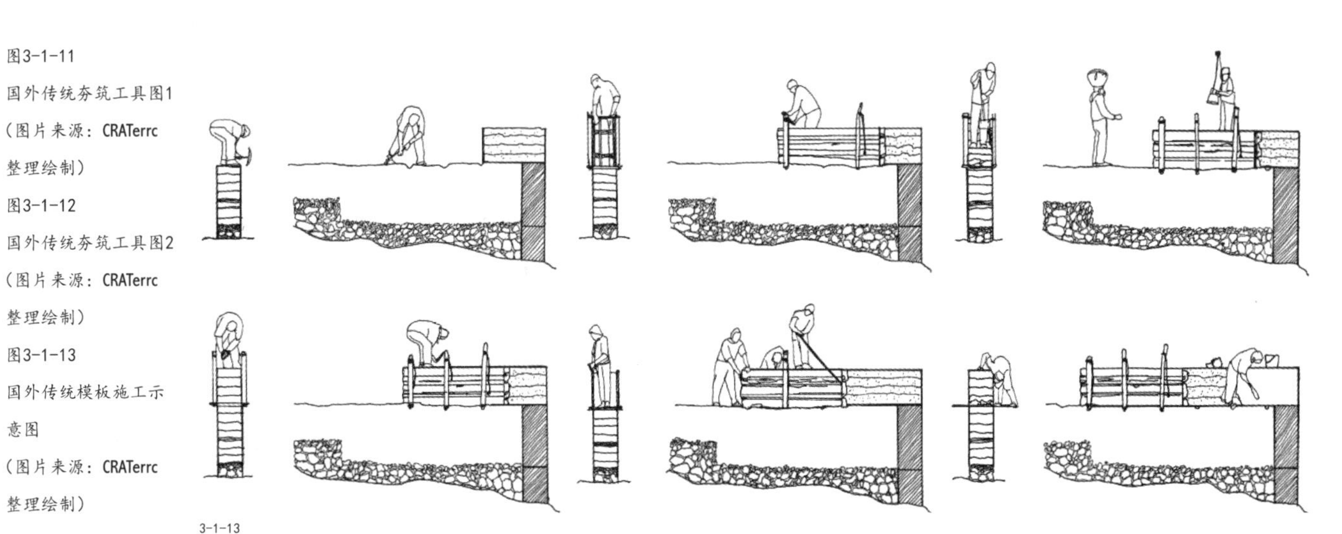

3-1-13

（二）现代夯土建造技术及步骤

【夯筑方式的更新】

现代横向连续模板：此种模板在夯土建造中最为常见。其优点是，使用时轻便、灵活，同一时间对模板的需求量有限（图3-2-1）。

现代整体独立模板：由混凝土技术直接发展而来的模板系统，安装较为复杂、耗时，主要针对不规则墙体。其优点是，可以更好地满足建筑设计中简单模块化设计和独立空间整体墙面的建造需求（图3-2-2）。现代模板以其不可代替的优势，支撑着现代夯土建筑的快速发展。

异形模板（弧形，转角）

当线性墙体无法满足使用者的需求时，丰富的异形形体成为发展的趋势。异形模板的研制势在必行，当然这也建立在高成本的情况下（图3-2-3）。

冲击夯、平板夯、碾压机产生的压实效果都可以满足现代夯土墙体的要求。这些工具的出现是因为相对于夯锤，它们的夯筑效率更高。但因自身尺寸原因或者是模板加强系统（对拉螺杆系统的现代模板）会影响这些工具的效率，所以选择时需根据实际情况分析（图3-2-4）。

图3-2-1 现代模板示意图

（图片来源：CRATerrc整理绘制）

图3-2-2 现代整体模板施工示意图

（图片来源：Marc AUZET and Juliette GOUDY整理绘制）

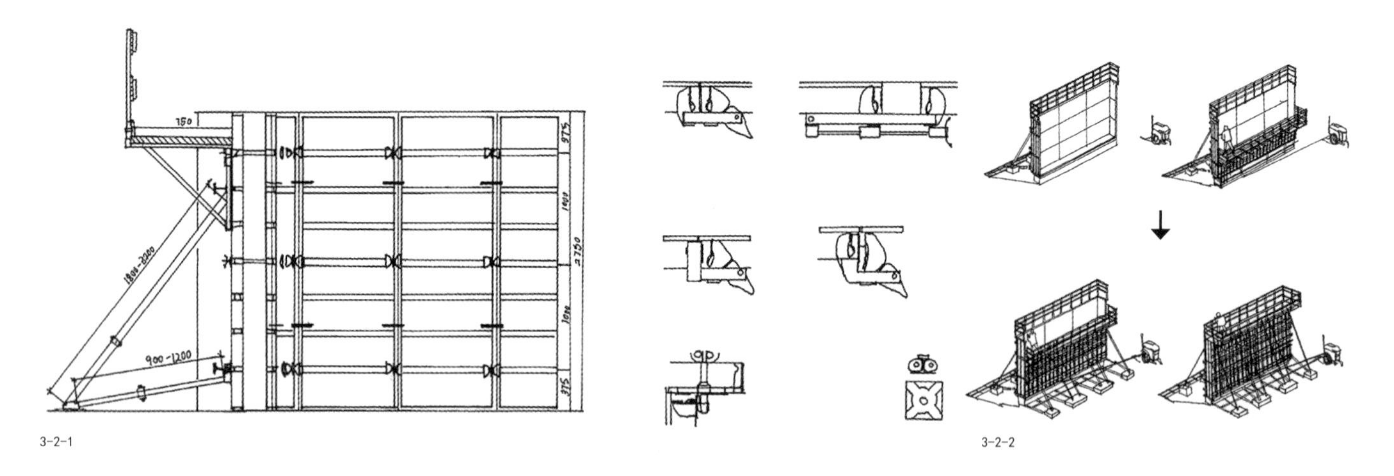

3-2-1

3-2-2

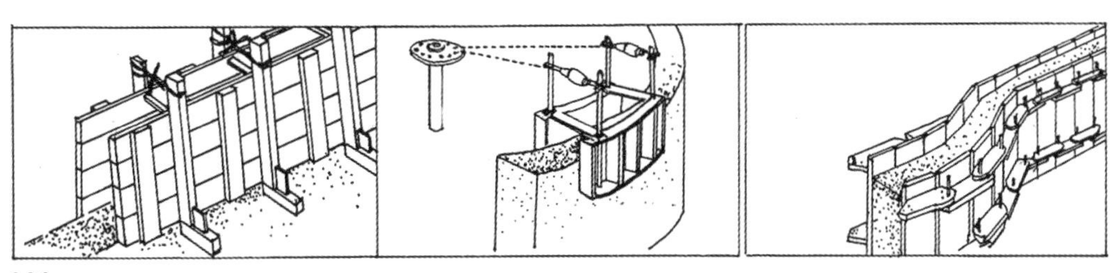

3-2-3

图3-2-3 异形墙体模板工具
（图片来源：Earth Construction整理绘制）
图3-2-4 其他夯筑工具
（图片来源：Martin Rauch整理绘制）

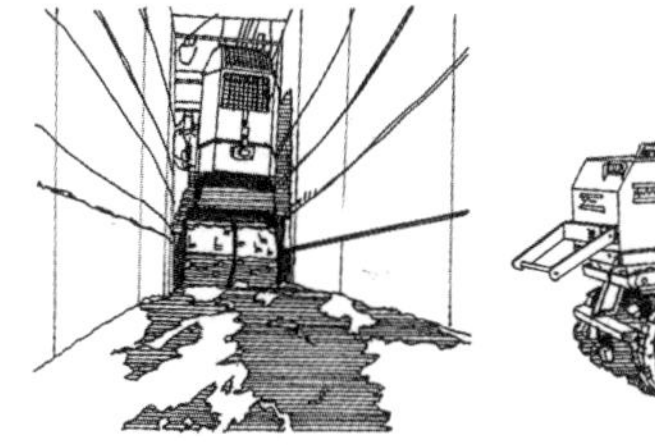

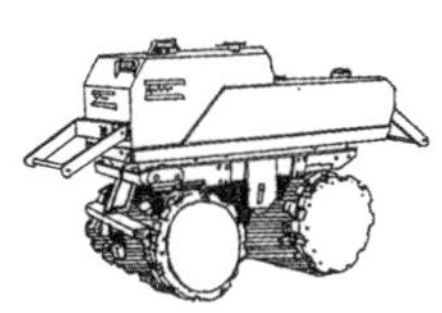

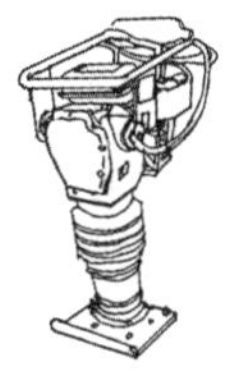

3-2-4

【传统与现代夯土建造技术优势特性】

现代夯土建筑中的新型夯土墙，由于自身建造工艺的原因，产生水平向的均匀肌理效果，使它在建筑形态中仅靠自身的材质、肌理就可呈现出完美的效果。

现代夯土墙面可分为：原生态夯土墙、现代夯土墙、彩色夯土墙。

传统夯土建造	现代夯土建造
优点：就地取材、施工简易、造价低廉、节能环保等。	优点：现代新型夯土墙把现有高科技新材料防水技术和传统土工材料结合起来使用，各取所长，实现优势互补，抗压强度与抗震性能大幅提高，还增添了蓄热保温、冬暖夏凉、节省成本、耐水性强等优势。
缺点：在抗震性能、耐久性能、功能布局等方面存在的固有缺陷日益凸显，需对粗糙的传统夯土技术进行改良，以提高夯土房屋的宜居性与安全性。	

原生态夯土墙	现代夯土墙	彩色夯土墙
	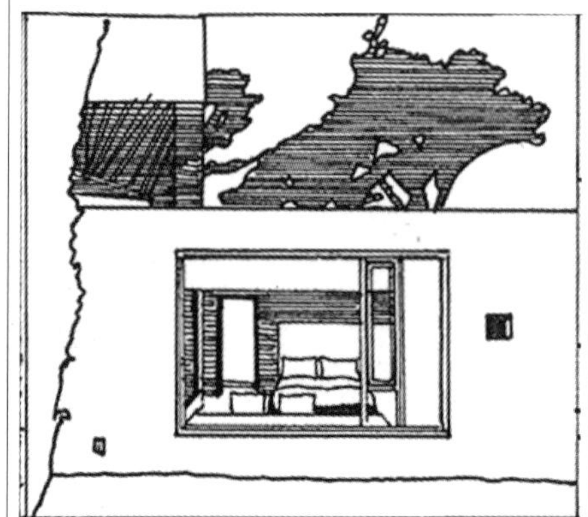	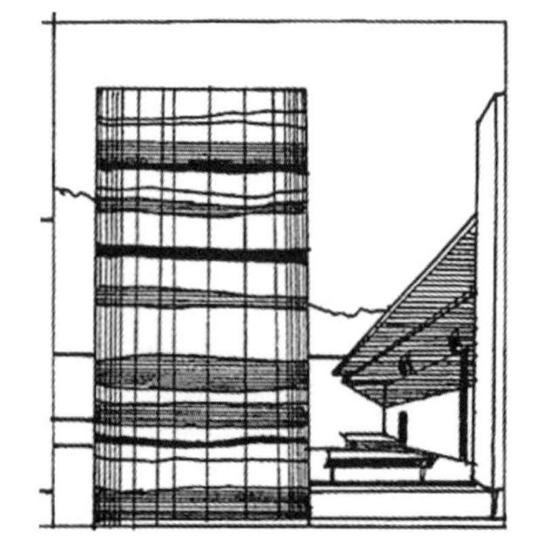
原生态夯土墙肌理效果，同古代城墙建筑效果及以往夯土民居肌理效果大致相同。	现代夯土墙，以泥土、砂子、骨料配比混合而成，有着现代建筑更多的质感，墙体板结固化效果好，抗压强度高，不容易产生裂缝。	彩色夯土墙，相对于单色夯土墙来讲更具有选择性，在夯土过程中，通过填土量的不同，自然形成墙体波浪线条，层次感分明，给人眼前一亮的感觉。

夯土建筑的优势特性

结构性：低含水率与土木共生，夯土材料经改良可达4～5MPa强度；**热稳定性**：具有较大的蓄热性、黏结性、冬暖夏凉；**舒适性**：吸湿性调节室内温度，泥土微量元素调节人体机能；**环境的友好性**：无虫蚁结露、低污染、低能耗、可降解、无建筑垃圾；**技术条件**：施工简单，手工、机械等多种方式；**可再生性**：可循环再生回归原始土性，有利于自然资源的再生和循环利用；**经济性**：造价低廉、就地取材、经济便利、可塑性强。

四、生土夯筑技术的展现与应用

（一）夯土材料视角特性的艺术表现

【生土材料的艺术特性】

材料在建筑创作中一直以来都扮演着重要角色。纵观现代建筑发展历程，建筑会随着建造技艺的进步、新材料的出现，以及人们观念的变化而发展。传统生土材料独特的生态特性和厚重的文化内涵是无法替代的，生土源于自然，其取材简易、成本低廉，并且具有独特的艺术表现力，近些年来国内外众多学者对传统生土材料产生了浓厚的兴趣并进行探察研究，成果包括学术论文、科普读物以及现代夯土建造实验，等等。

将目光聚焦于传统民居的发掘与保护，先后多次于陕甘地区开展以教学为主体的保护勘测、数据整理、专业设计及理论研究工作，团队积累了丰富的教研经验与成果。长期以来经过实地的教学与田野调研，目前阶段纵向开启了生土材料的学科研究发展方向，以促进传统民居学科纵深层次的研究，探寻传统民居文化传承历史与发展新的学术研究方法与提取手段。

西安美术学院建筑环境艺术系学科高地建设项目“一带一路创意设计与研究——生土材料与技术概念的空间营造”学科项目，展开系列主题教学研究，以传统民居夯筑生土材料为切入点，推出《基于夯土工艺生土材料的表现与建造》的“夯·筑·营”工作营和教学研讨会等学科活动，开启以材料特性研究为着眼点的研究迈进，探讨未来材料设计表现及工艺建构方式的起步。

图4-1-1

夯筑前对潮湿结块泥土进行过滤、晾晒

通过夯土工艺的实操，让学生独立学习和掌握夯筑技术的特性，并研究材料可能形成的视觉语汇以及材料机理的艺术表现力。以此为基础构架元素，延展设计的思维方式和材料类型的梳理，关注结合新技术进行设计研究的基本能力（图4-1-1）。

教学研讨会与工作营展览的并行开展，是学科项目推进的组织方式，同时也是践行并重的研究立场和教学出发点。

制作工具材料及过程

① 榔头

② 颜料

③ 铁铲

④ 木块

⑤ 杯子

⑥ 毛刷

⑦ 锅

⑧ 糯米胶

⑨ 筛网

4-1-2

4-1-3

图4-1-2

小件夯制工具展示

图4-1-3

不同筛孔过滤网

图4-1-4

夯制材料

（图片来源：2017级嵇鹤、陈彦臻拍摄）

4-1-4

混凝土试模

由底模板、侧模板隔板轴、支架活节螺栓和蝶形螺母等零件组成。底模板是由高强度的铸铁制成，侧模板、隔板是用较硬的碳结钢支撑，支架固定在低模板上。

土与砂的比例约为1：0.6，另可加石灰和糯米胶纤维等维持强度、混用各种颜料、硫酸铜等增加颜色层次。夯前砂土干湿度以手紧握可结块，松手坠地碎四五块为宜（图4-1-2～图4-1-6）。

图4-1-5

小样夯制磨具

（图片来源：2017级嵇鹤、陈彦臻拍摄）

图4-1-6

小件样式夯制、木制模块可设计产生异形夯土模块

（图片来源：2017级嵇鹤、陈彦臻拍摄，整理绘制）

4-1-5

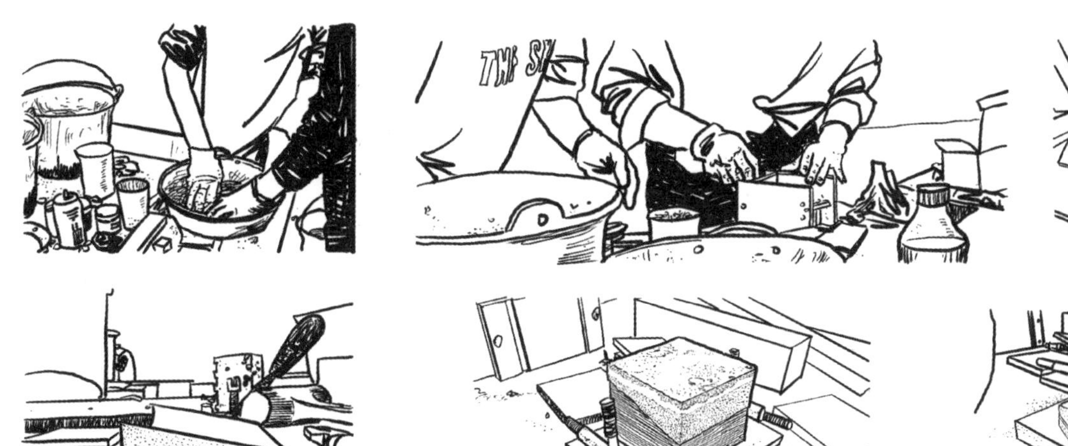

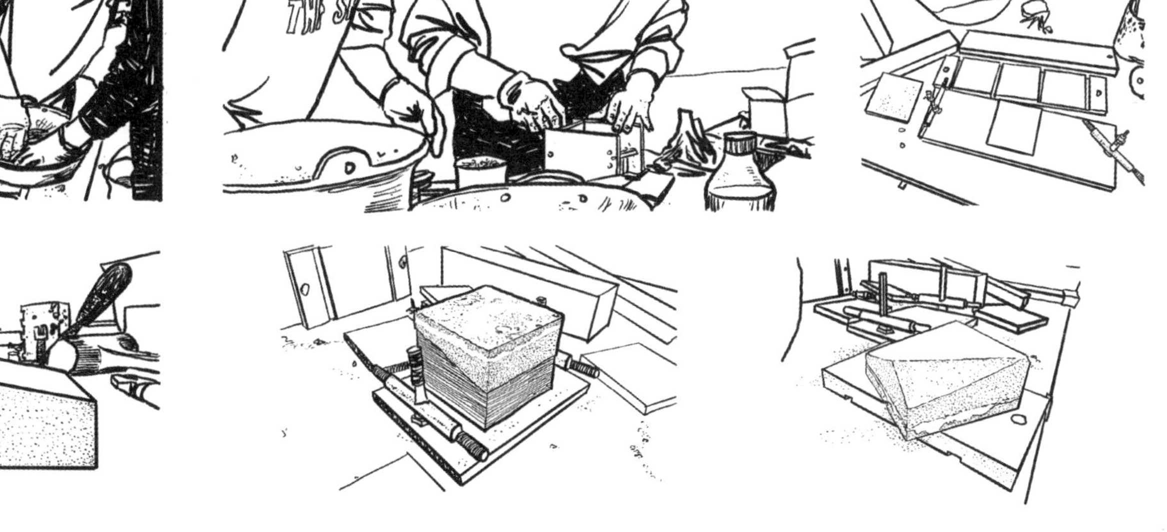

4-1-6

制作过程，将生土倒入模具，长方形木块在其上压实，用夯锤均匀敲击数次，填土，再敲击至夯实板结成型（图4-1-7）。

图4-1-7

夯制步骤

（图片来源：2017级嵇鹤、陈彦臻拍摄）

组装模具

倒入筛好的生土

用木块压实

用铁锤敲打木块顶部

继续倒入适量生土

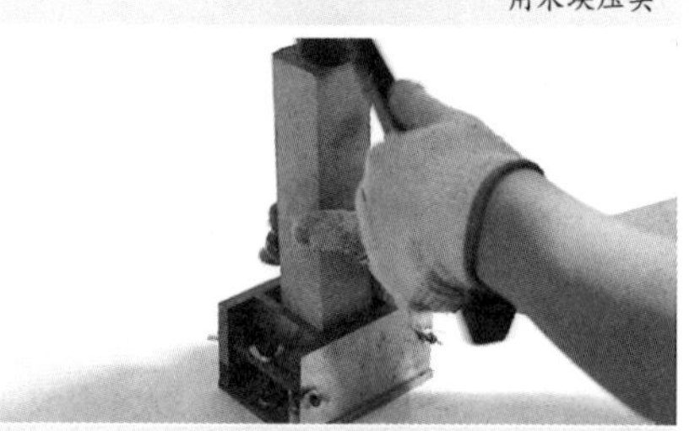

再次夯实

制作完成

脱模

清除夯土碎屑

4-1-7

2018年9月26日，西安美术学院建筑环境艺术系组织学科项目，工作营同学以生土为主材，通过在夯筑过程中添加沙、石、白石灰和黑土，气锤控制均匀夯筑力度，分层夯筑出如自然山川地貌般不规则水平肌理夯土墙。墙体颜色混合土色、白色和黑色，色彩统一和谐，两组实验墙体分别为1.2m与0.45m，具有独特的视觉感受和别样的生土原生材料的质感（图4-1-8、图4-1-9）。

图4-1-8
夯制模板，夯制电动气锤，混凝土搅拌机等设备
（资料来源：现场活动整理自绘）

图4-1-9
调整好泥、沙、石块比例并将泥沙填入框架之中，同学们依次尝试使用器械夯土
（资料来源：现场活动整理自绘）

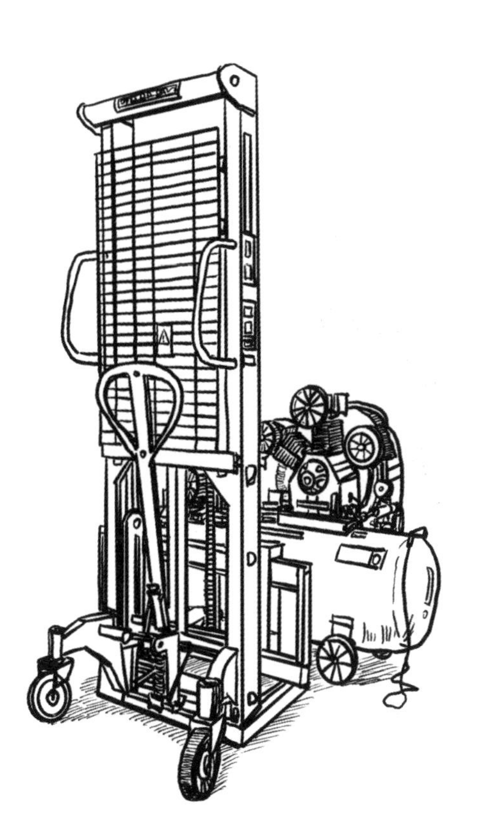

4-1-8

4-1-9

【夯土建筑艺术的可能性】

在夯土工作营开展期间，学生们通过实际操作结合美学理论研究，对生土材料从不同维度和不同手法进行了创新设计，展示了生土材料的艺术表现力在当代的多样性，并且工作营后期对研究成果进行了展览。下图是“夯·筑·营”工作营所研究成果一部分展示（图4-1-10、图4-1-11）。通过为期一个月的夯土工作营，探讨研究了生土材料在当代的更多艺术表现性，希望可以为今后设计师在进行建筑创作中使用传统生土材料设计实践提供些许参考。

4-1-10

图4-1-10

西安美术学院建筑环境艺术系

2017级工作营学员夯筑

（图片来源：2017级嵇鹤、陈彦臻拍摄）

图4-1-11

西安美术学院建筑环境艺术系

2017级工作营学员小件样式夯筑

（图片来源：2017级嵇鹤、陈彦臻拍摄）

4-1-11

（二）国内生土技术的运用与国外生土建筑发展经验

如今，环保节能的呼声日益高涨。夯土作为一种绿色、环保、节能的建筑材料，具有很强的可塑性。夯土技术作为一项古老的传统技术，在新的时代潮流下使原本建筑技术有了质的飞跃，实现了优势互补，无论是在国内还是国外生土建筑都开始崭露头角。

【国内建筑案例赏析】

马岔村民活动中心

建筑事务所：土上建筑工作室

设计时间：2013年5月～2014年4月

建成时间：2016年7月

建筑面积：648m²

建筑地址：甘肃省会宁县丁家沟乡马岔村

图4-2-1

马岔村民活动中心

4-2-1

甘肃省会宁县马岔村位于海拔1800～2000m之间的干旱地区，地势高低不平，属于典型的黄土高原地貌。村内山坡大多改为梯田，房屋和院落基本建于梯田之间的台地或山谷下。民居主要为传统合院式建筑。因当地土资源丰富，建造材料多就地选取。传统的生土材料结合现代新工艺和新的设计手法，使得该建筑自然地融入当地环境中，相对于村内其他土房，显得别具一格（图4-2-1）。

活动中心坐落于约20°的远台式山丘上，山坡东面朝向山谷，视野开阔。整个空间被划分为四间相对私密的土房和一个公共场院，土房分为多功能室（教育、展示、阅览、会议等功能）、托儿所（内含小厨房）、商店和医务室（图4-2-2、图4-2-3）。

在空间组合上，建筑借鉴原有合院形式，结合基地退台现状，将不同高度的土房围出一个三合院。建筑材料沿用原有“就地取材”的方式，利用取土过程修整场地，让建筑如同就地生长，错落有致，自然地融入当地的空间景观中。

马岔村夜晚的星空如同花火在人们的眼前跳动着细小的光点，承载着孩子们的梦，给予他们无限的遐想。为此，在托儿所东南角的幽暗处两侧墙内夯入了几十根直径不同的亚克力棒。阳光透过墙面，形成了“星空”的戏剧性效果，创造了一个白天亦可看“星空”的空间。使孩子们对这座质朴的房子产生更多的兴趣和情感（图4-2-4）。

图4-2-2

马岔村民活动中心局部图

图4-2-3

建筑演变图

图4-2-4

室内效果图

图4-2-5
马岔村民活动中心鸟瞰图
图4-2-6
马岔村民活动中心建筑局部图

村民活动中心给当地医疗、教育和生活带来了一定的改善。在满足空间功能等需求的同时，也满足其建筑的生态环保和可持续性。

近年来，受外界影响，村民对长久居住的土房认同感受到冲击。乡村活动中心的建成勾起了使用者对土房的生活习惯、习俗、记忆和情感的共鸣，使其认同感得以逐步回归（图4-2-5～图4-2-11）。

4-2-5

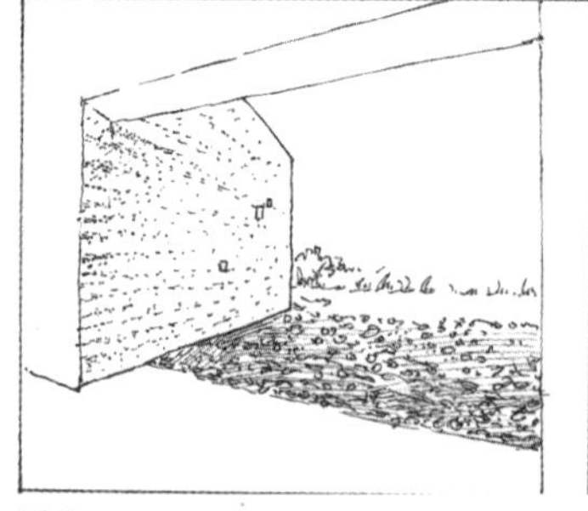

4-2-6

图4-2-7

建筑分析图

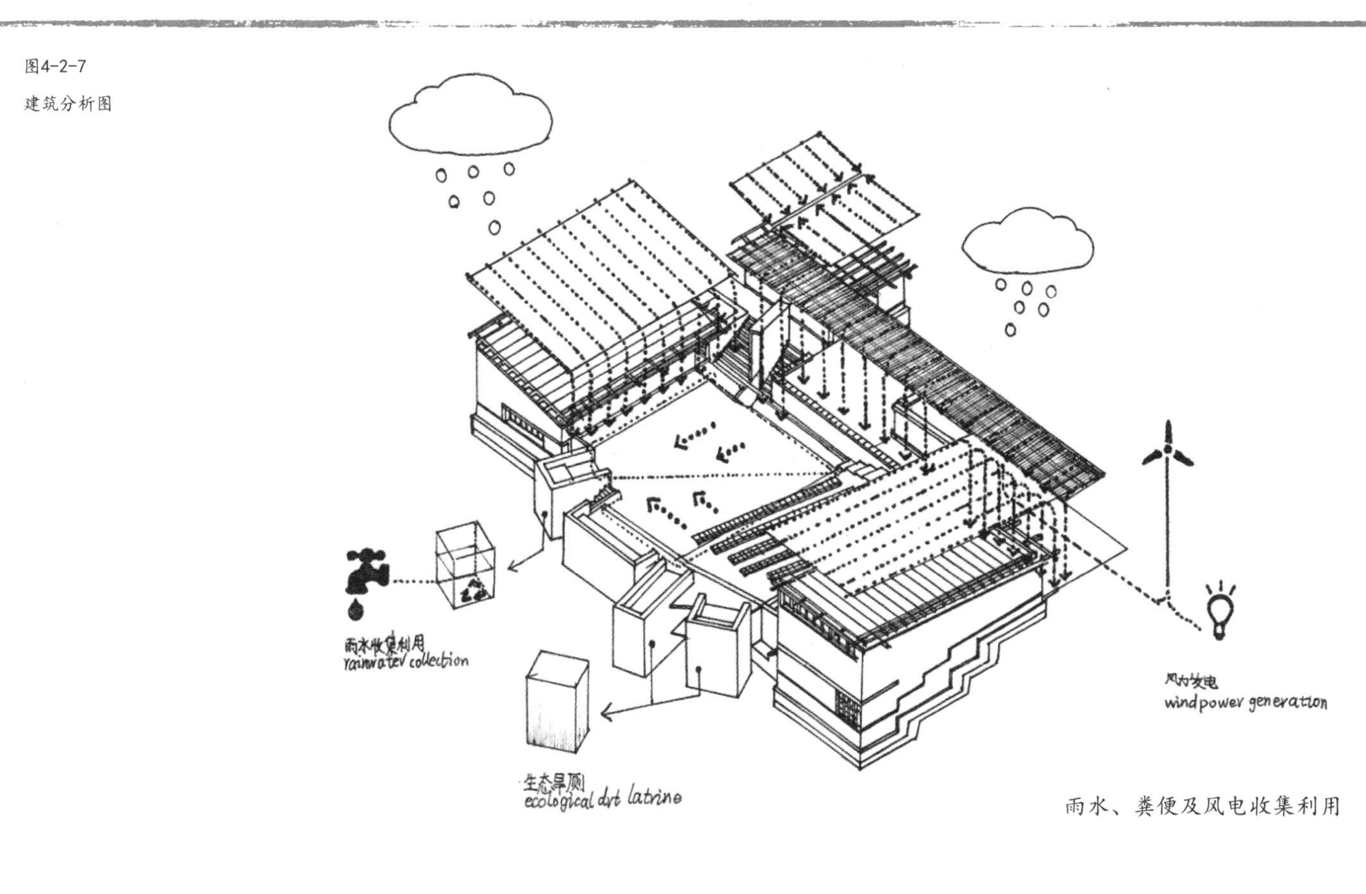

雨水、粪便及风电收集利用

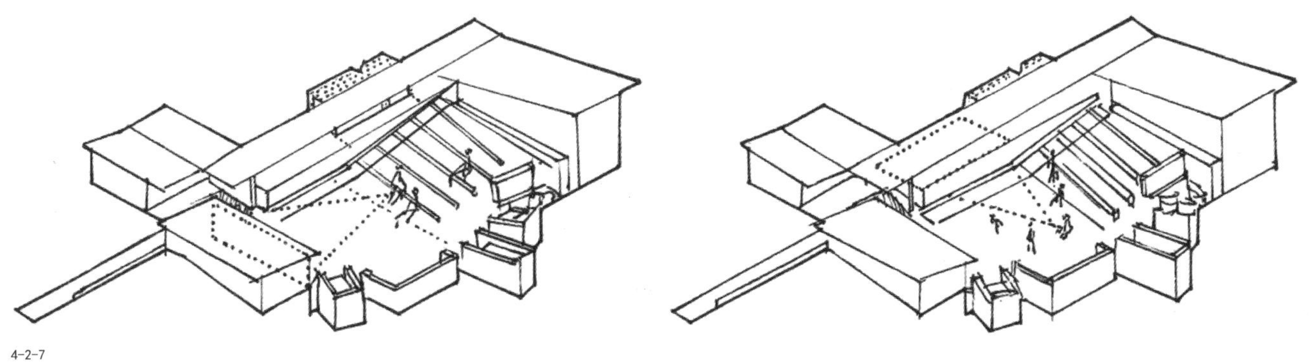

4-2-7

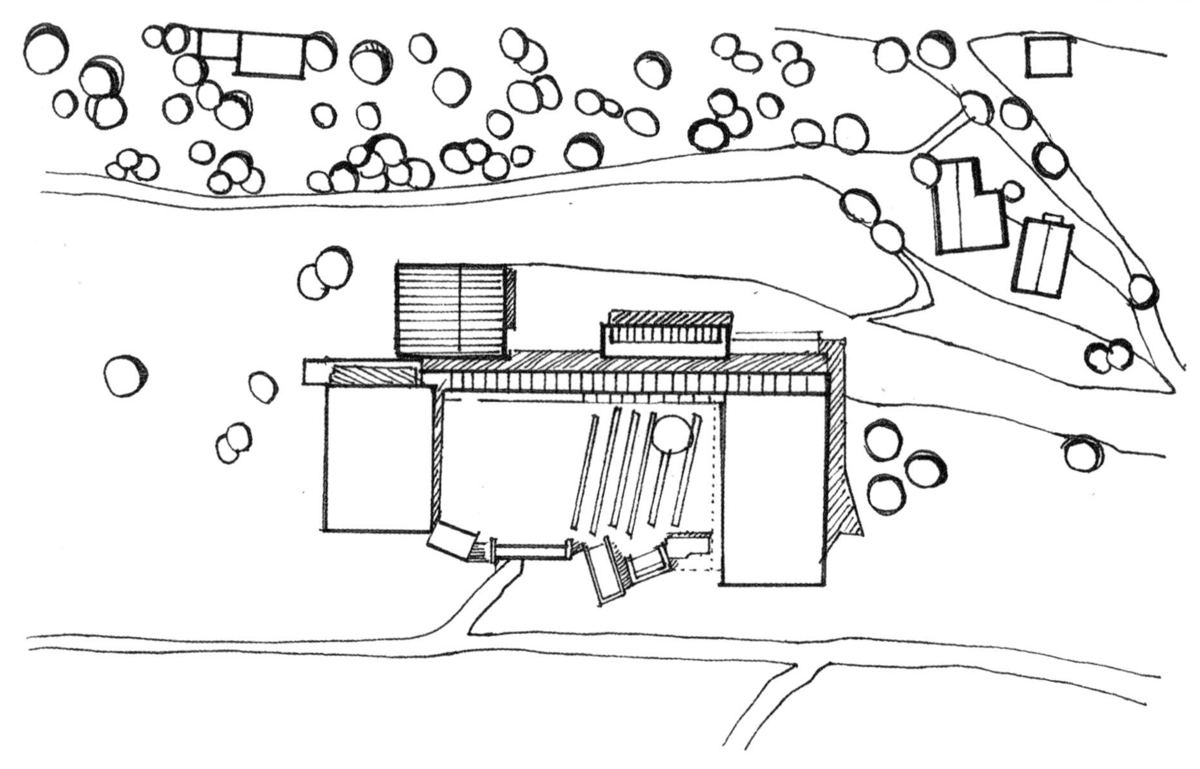

图4-2-8 马岔村民活动中心平面图

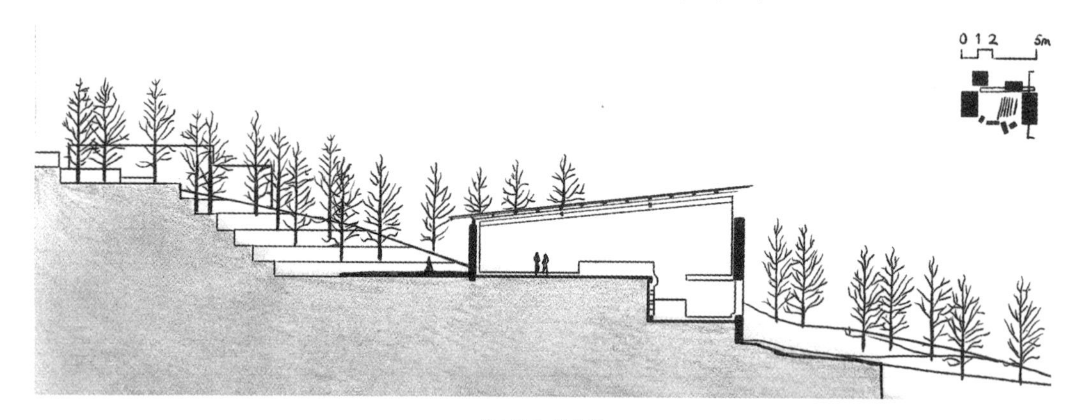

图4-2-9 剖面图

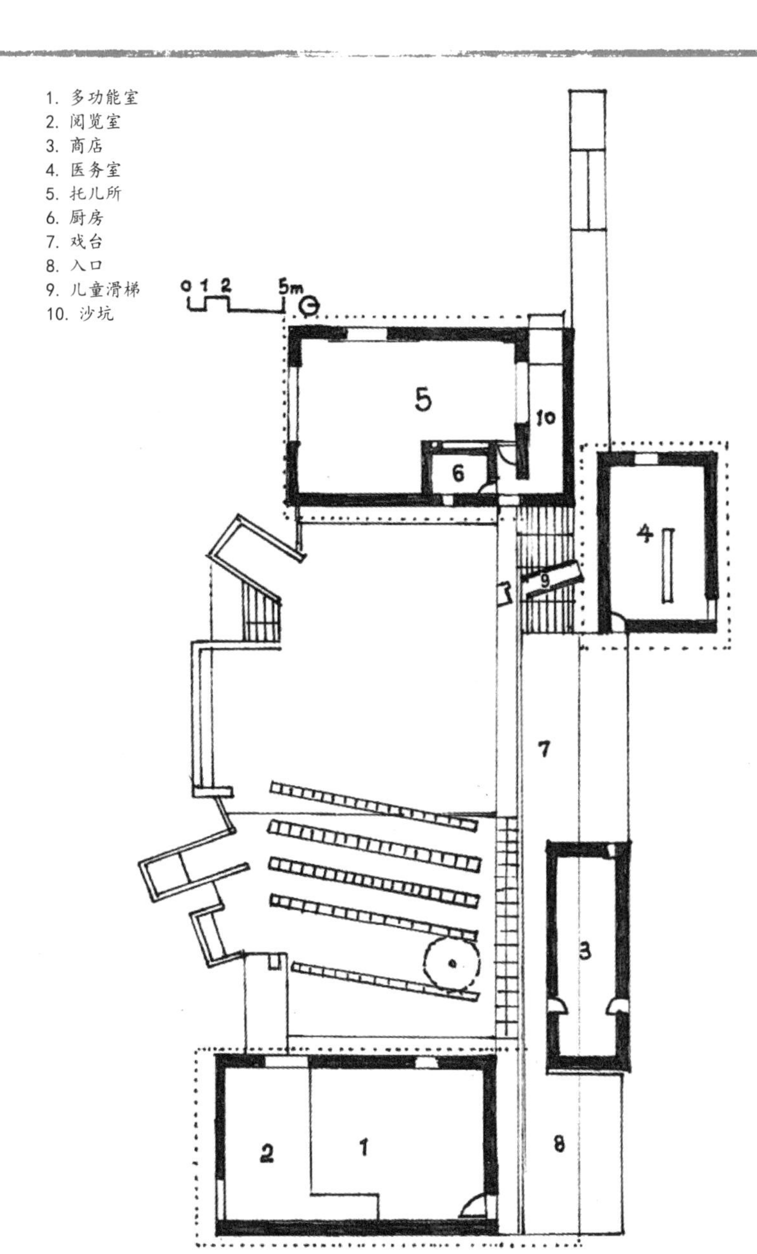

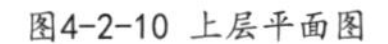
图4-2-10 上层平面图

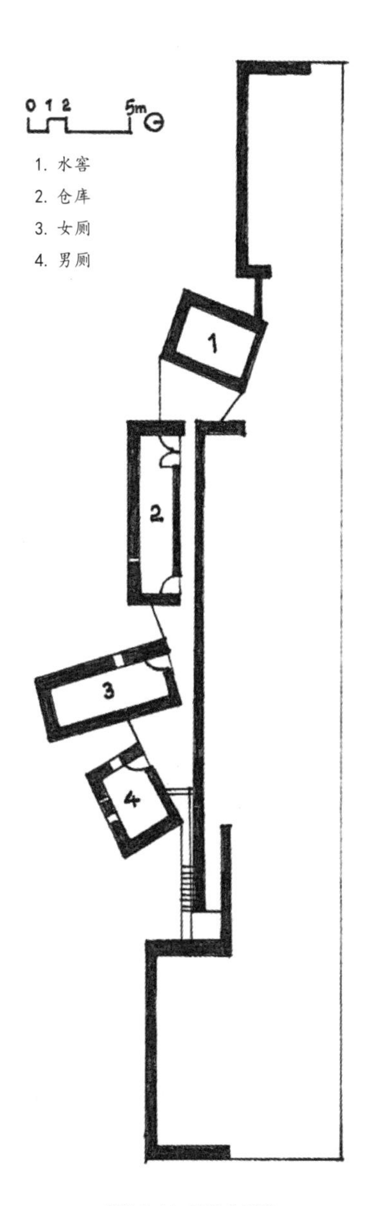

图4-2-11 下层平面图

郑州建业足球小镇游客中心

建筑事务所：水石设计

设计时间：2017～2018年

建成时间：2019年

建筑面积：2700m²

建筑地址：河南省郑州市二七区

4-2-12

建业足球小镇游客中心位于郑州市二七区樱桃沟风景区，是一座集建筑功能、自然风貌、地域文化和当代美学于一体的夯土建筑（图4-2-12）。游客中心作为整个足球小镇的入口形象展示，也兼具着未来整个足球小镇接待和展示的空间功能。整个建筑采用箱形剪力墙作为主要承重结构，支撑钢结构楼板和屋架，实现了无柱的大空间设计。剪力墙与玻璃幕墙的关系反映了建筑功能、形式和结构逻辑的统一。

建筑外立面大胆尝试夯土外墙饰面。通过专业团队对夯土墙的设计和对质感、色彩的把控，选取当地红土、黄土为原材料和基础色阶，以150mm为一层，逐层夯筑。最终形成由赭色向土黄色过渡的夯筑效果（图4-2-13～图4-2-16）。

图4-2-12
郑州建业足球小镇
图4-2-13
外墙细部图
图4-2-14
建筑局部图

将传统建筑工艺与当代建筑技术相结合，进行大胆探索与尝试。让建筑和环境浑然一体，充满来自黄土地、来自大自然、来自建筑业想要展示的企业文化和体育精神的力量。

4-2-13

4-2-14

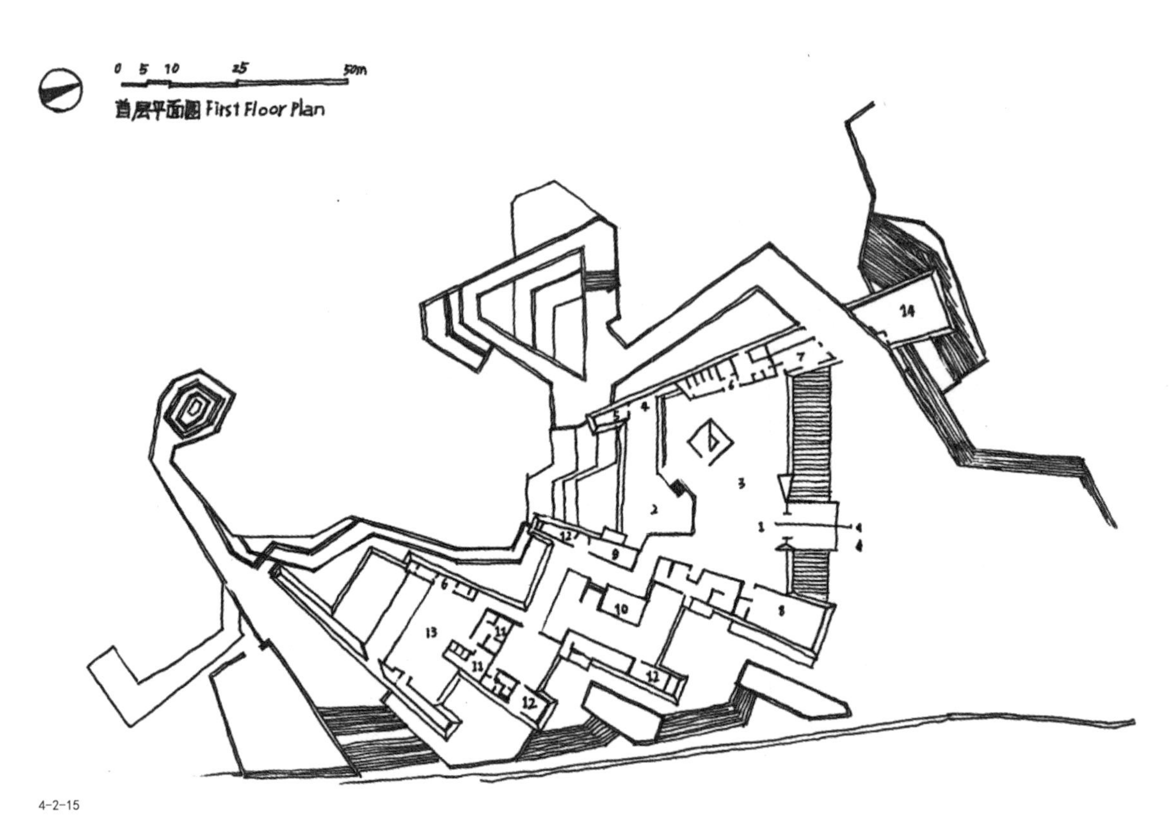

4-2-15

1. 门厅
2. 多功能室
3. 模型展示区
4. 咖啡厅
5. 操作间
6. 卫生间
7. 门卫
8. 数字影厅
9. 办公室
10. 文献展示
11. 更衣室
12. 辅助间
13. 资料室
14. 消防控制室

4-2-16

图4-2-15
足球小镇一层平面图
图4-2-16
足球小镇立面图

【国外建筑案例赏析】

尼科米普沙漠文化中心

建筑事务所：HBBH 建筑事务所

项目年限：2006年

占地面积：1600英亩

建筑面积：1115m^2

建筑地址：加拿大　大不列颠哥伦比亚

尼科米普沙漠文化中心的夯土墙长80m、高5.5m、厚600mm，是北美地区最大的夯土墙，这堵保温隔热墙起到调节温度变化的作用。墙面既具有手工夯土制作的粗糙感，又惊叹于生土材料的神奇。不规则的夯土水平肌理线形成的表皮，使得建筑外观具有独特而诗意的材料质感（图4-2-17），也满足了尼科米普沙漠文化中心，根据加拿大奥索尤斯奥肯那根谷独特的沙漠场地为背景，建成一个可持续建筑的设计初衷。

图4-2-17

尼科米普沙漠文化中心

4-2-17

文化中心墙面的夯土肌理凹凸不平，其粗糙感极具原始气息，符合当地厚重的人文历史文化气息。

该墙体区别于传统夯土墙，墙面具有不规则的水平肌理。墙体颜色由红褐色与土色相结合，色彩极其统一、和谐，使得建筑外观具有独特的视觉感受和别样的材料质感（图4-2-18～图4-2-23）。

4-2-18

4-2-19

图4-2-18

文化中心入口外墙与内墙

图4-2-19

墙面细节

图4-2-20

尼科米普沙漠文化中心平面图

图4-2-21

尼科米普沙漠文化中心建筑局部图

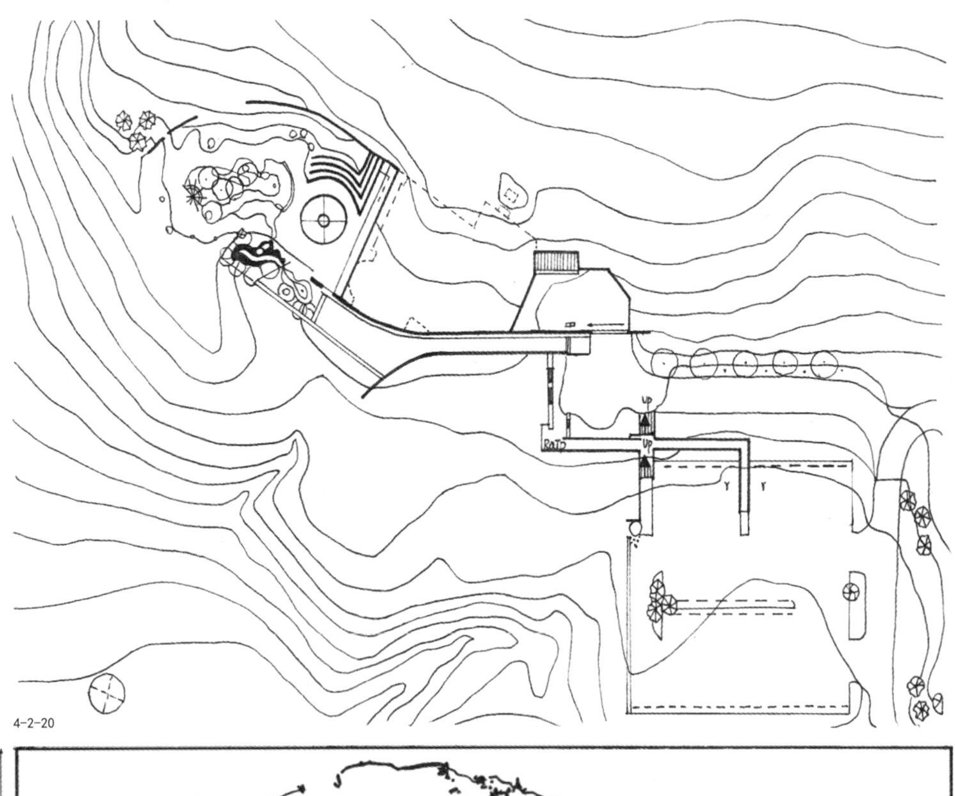

4-2-20

4-2-21

图4-2-22

平面布局图

图4-2-23

尼科米普沙漠文化中心立面图

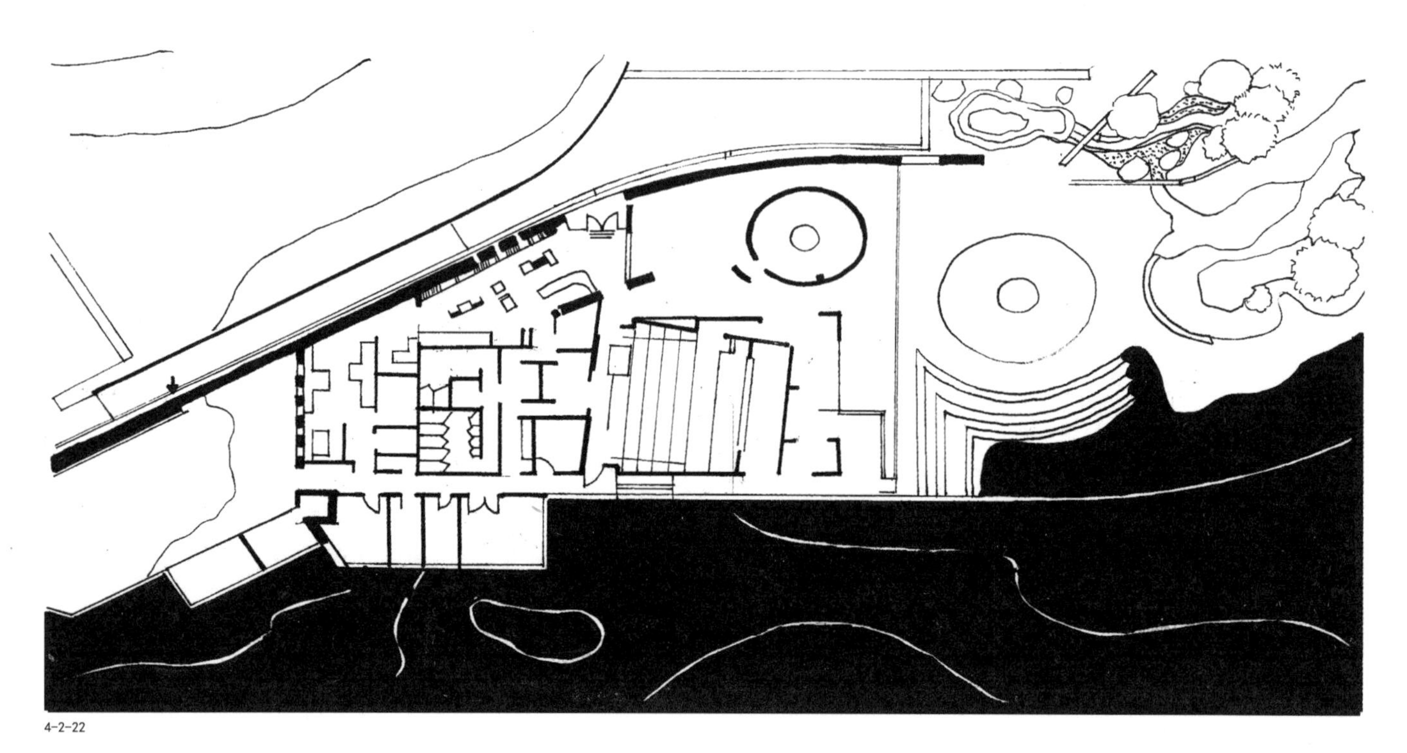

4-2-22

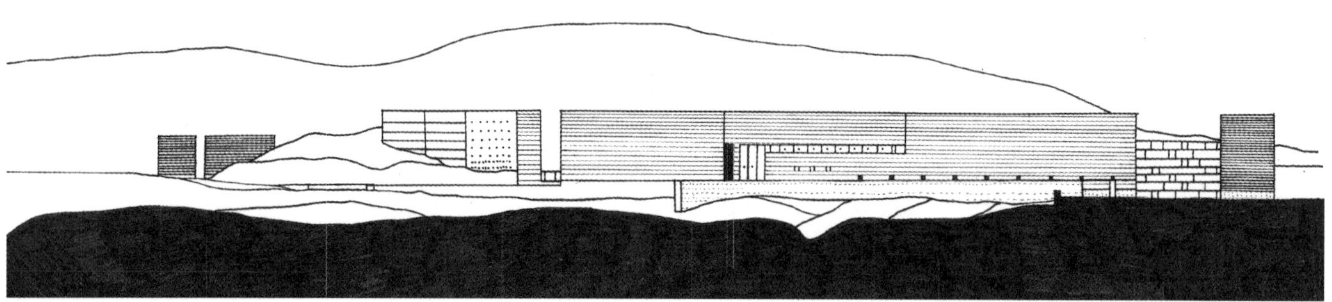

4-2-23

西澳长城

建筑事务所：Luigi Rosselli Architects

建成时间：2016年

占地面积：1600英亩

建筑面积：1115m²

建筑地址：澳大利亚西北部

图4-2-24

夯土墙住宅鸟瞰图1

图4-2-25

夯土墙住宅鸟瞰图2

这座建筑是澳大利亚或者说南半球最大的夯实土墙，于2016年竣工。荣获Rammed Earth Building Collection住宅奖和2015澳大利亚建筑奖住宅分类奖（图4-2-24、图4-2-25）。

作品位于偏远的澳大利亚西北部，主要是地域性夯土材料建成，以及一些耐候钢和混凝土，其保温特性有助于建筑承受不断变化的气候。该建筑为夯土施工提供了一个独特的案例。

4-2-24

4-2-25

在偏远又与世隔绝的场域空间中，由当地独有的含铁砂质黏土，添加附近河床中的卵石和砾石筑成夯土墙。由于墙体的黏土成分具有吸湿特性，沿着墙壁的气流将蒸发掉其中的水分，这种蒸发方式降低了墙壁的温度。

屋顶亭子是一个集会议室和教堂功能于一体的多功能中心。遮阳雨篷下侧均采用钢材，地面局部添加的混凝土反射在其下侧，使之呈现出砂石红色（图4-2-26～图4-2-28）。

4-2-26

4-2-27

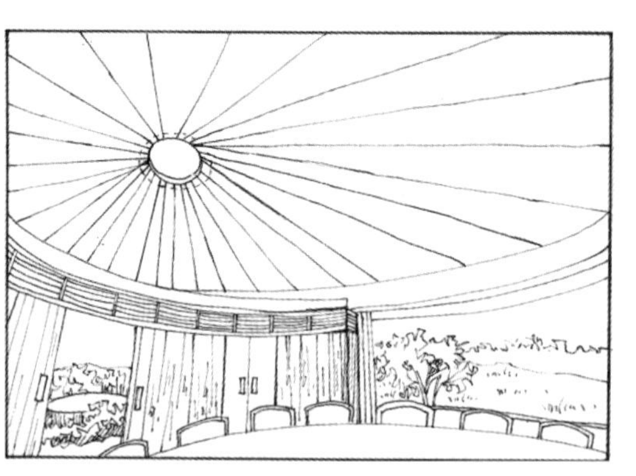

4-2-28

图4-2-26
建筑局部图1
图4-2-27
建筑局部图2
图4-2-28
室内效果图

有金色内屋顶的教堂里，为防止窗外的沙尘飘落进来，弯曲的门窗紧闭，屋顶由锈蚀的钢板制成，最终与天窗形成一个倾斜的锥形（图4-2-29）。夯土的使用，以及建筑物下面土地性质的选择是为了维持建筑的凉爽和恒定的温度。根据这些热质量的原则设计，该住宅提供了一种在偏远的西北澳大利亚的建筑方式：不再使用太阳烘烤的薄波纹金属板，而是通过夯土让建筑自然冷却。

图4-2-29

平面图

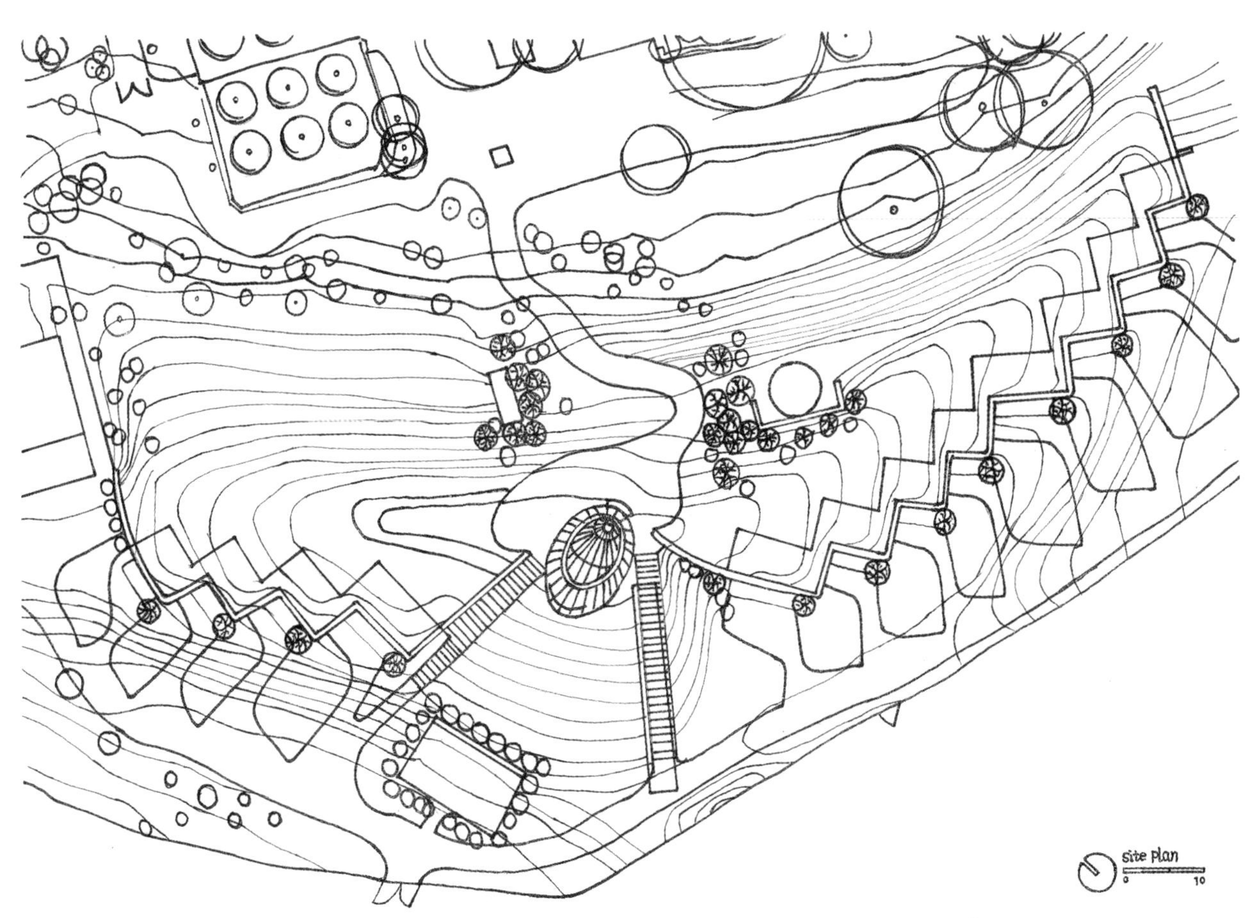

4-2-29

“水上书”

建筑事务所：Studio Octopi工作室

项目时间：2018年

建筑材料：石材、木材、不锈钢

建筑面积：24m²

建筑地址：英国 萨里

建筑所在草地两侧分别为英国泰晤士河和牛弓湖。为响应这一景观特征，“水上书”的名称取自约翰·济慈墓碑上的铭文“这是在水中书写文字的地方”。建筑作品位于英国库珀山脚下的草原之间，自然流经的水、天、光的交汇处，属于历史悠久的景观中心，也是风景名胜区的历史中心。圆柱形体量坐落在库珀山脚下的草地间，内部天光的变化会在内壁夯土肌理墙面上形成移动的自然光影效果。建筑是一个直径15.4m简单的圆形迷宫建筑，旨在为游客提供了一个思考和冥想的空间（图4-2-30）。

墙壁以“腕尺”计量（“腕尺”埃及最初计量方式），建造材料主要取自现场夯石，屋顶为深色软木，地面铺以碎石，整个空间与自然融合统一。

建筑入口如同简易圆形迷宫，游客可选其一侧通往内部空间。内部中央有一汪静止的水池，水池如“眼”，通过屋顶将天空载入其中（图4-2-31～图4-2-33），夯土、砂石、喷砂不锈钢和水面互相碰撞形成了独特的自然冥想空间氛围。

4-2-30

图4-2-30

“水上书”效果图

图4-2-31

室内效果图

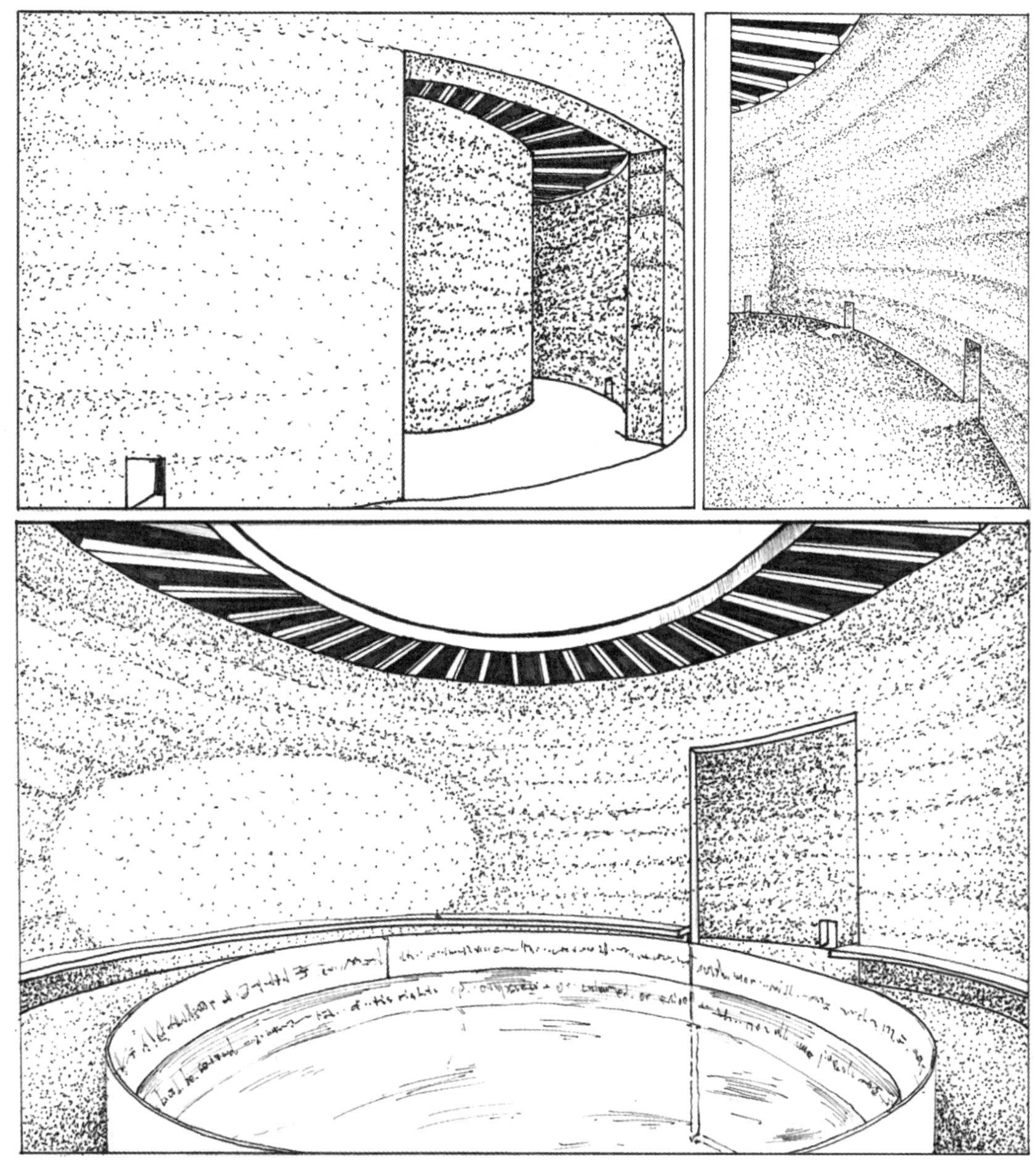

4-2-31

池的内表面为喷砂不锈钢，上面反向镌刻着《大宪章》第39条，游客环绕水池时，可通过水的反射见之正向文字。在“水上书”中，借助水的反射作用，文字变得更加清晰易读，与雕刻在石头上的文书完全不同，增加了现场发现过程的互动性意趣。

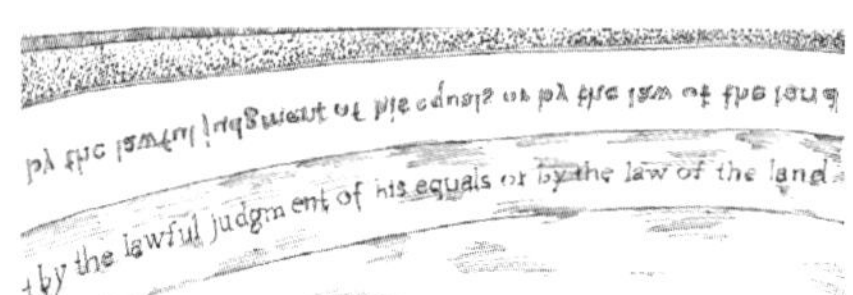

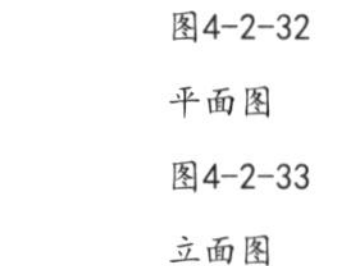
图4-2-32

平面图

图4-2-33

立面图

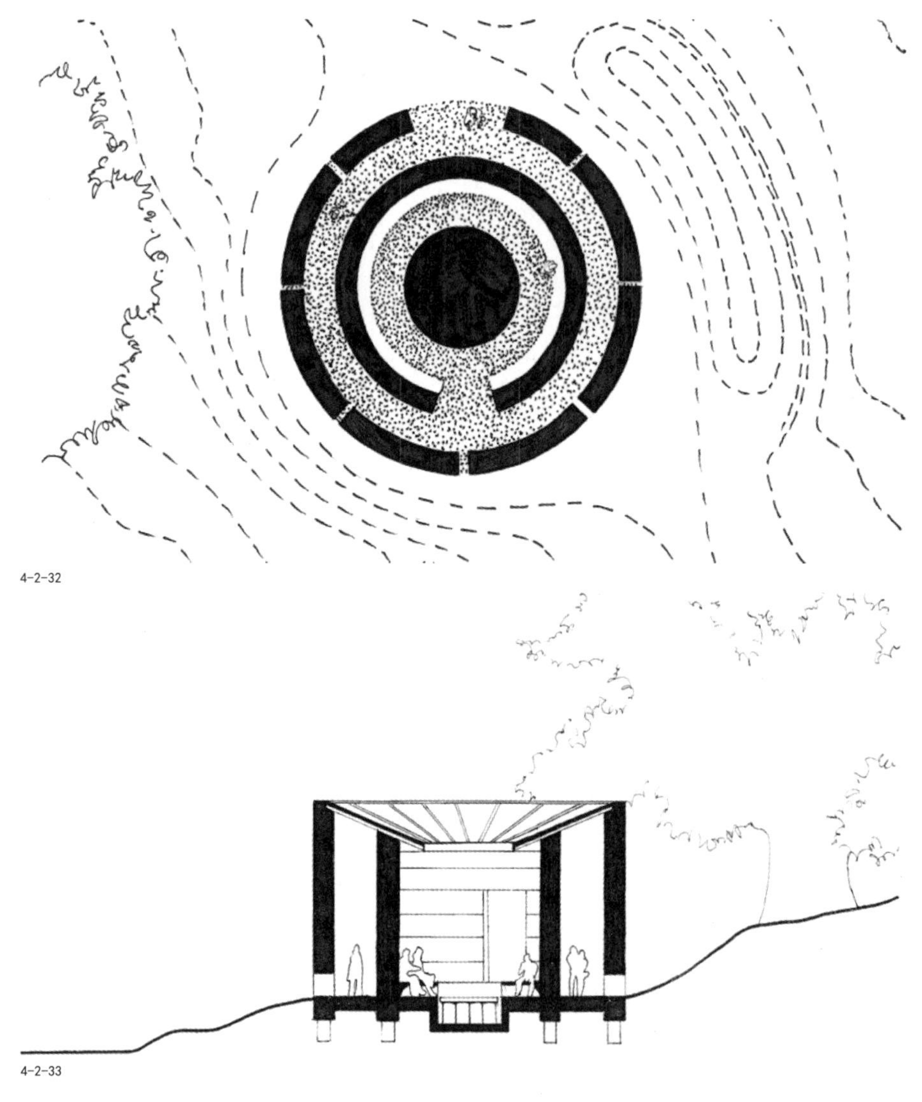
4-2-32

4-2-33

“碎片屋”

主创建筑师：Wallmakers

项目年份：2015年

建筑面积：194m^2

建筑地址：印度 喀拉拉邦

图4-2-34

“夯土·碎片屋”效果图

该建筑物大部分墙壁由直接来自原土的夯土制成，具有5%的水泥稳定性。该技术不仅非常有效，而且干压碎强度范围为6～8MPa，效果非常强。该设计考虑到当地的细微差别和经济限制，材料是经过仔细地选择的：墙壁从现场挖出的地面上升起，以前的建筑碎片变成了曲线形的墙，并形成了中央庭院，成为房子的焦点，被称之为碎片墙，也是当地一个新技术的出现。

4-2-34

建筑为一个六口之家的夯土住宅，坐落于印度的一个小镇上。印度热带季风气候使建筑内外设计更加通透，空间变化趣味尽在其间。多层的建筑使得场地能够最大限度地满足家庭活动需求。除整体住宅室内外墙体是夯土外，其他建筑用材也始终采用可回收的环保材料。为克服材料约束，从约束条件本身出发生成建筑特有的属性表达。夯土·碎片屋建于原基地之上，是利用原有材料进行的改造型设计（图4-2-34、图4-2-35）。

其中还用回收的木材做成楼梯兼储物空间用于存放房屋主人的教学书籍（图4-2-36）；屋顶用椰子壳做填充板，有效降低了混凝土使用量（图4-2-37、图4-2-38）；夯土墙以外的“碎片墙”由钢筋网包覆的碎料（砾石、水泥、人造砂）制成（图4-2-39）。

随着城市化蔓延至小镇，当地许多人希望通过使用玻璃、混凝土、钢铁等材料来模仿城市建筑。利用材料的细节体现，产生一种现代的建筑形态。区别于此类对城市建筑的单纯模仿，夯土·碎片屋是对城镇独特建筑语言展现的一次大胆尝试（图4-2-40～图4-2-43）。

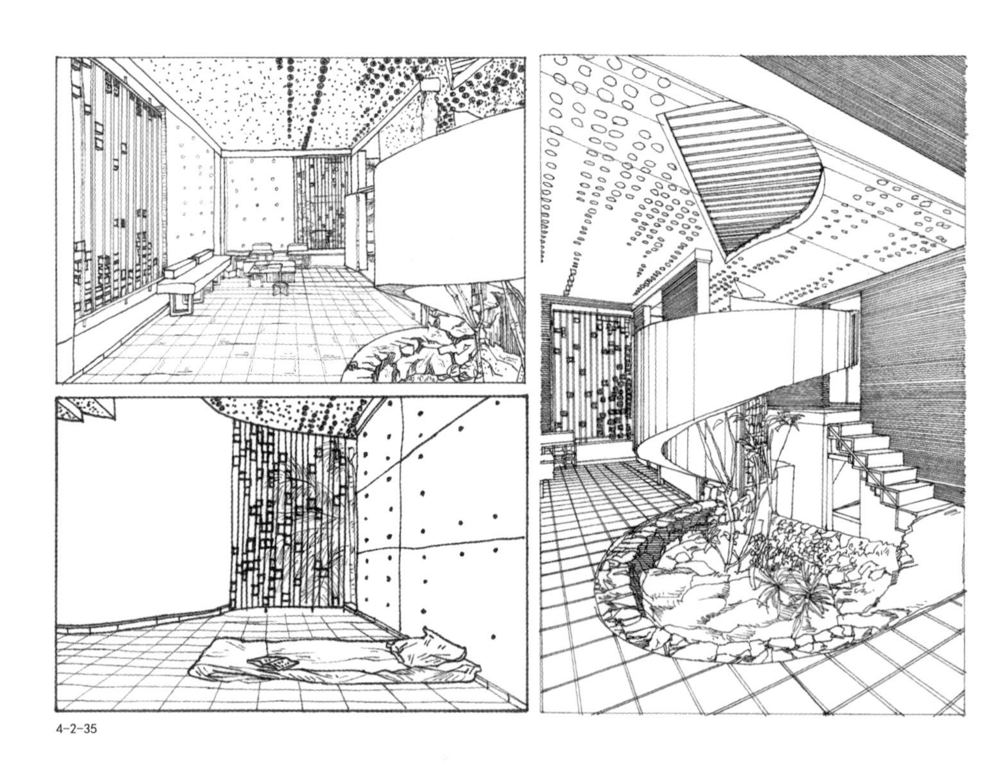

4-2-35

图4-2-35

室内效果图1

图4-2-36

楼梯储物空间

图4-2-37

建筑材料细节图1

图4-2-38

室内效果图2

图4-2-39

建筑材料细节图2

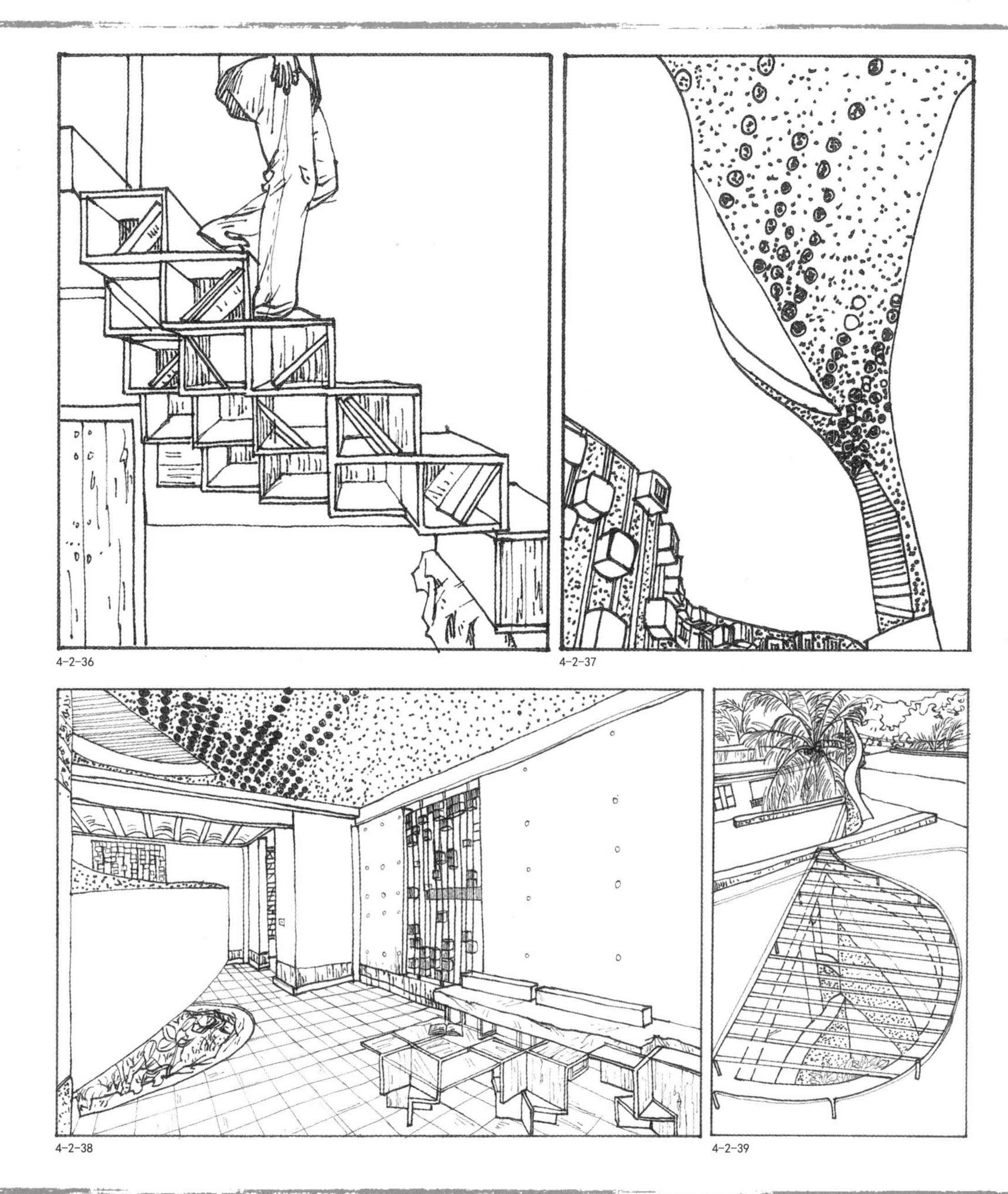

4-2-36

4-2-37

4-2-38

4-2-39

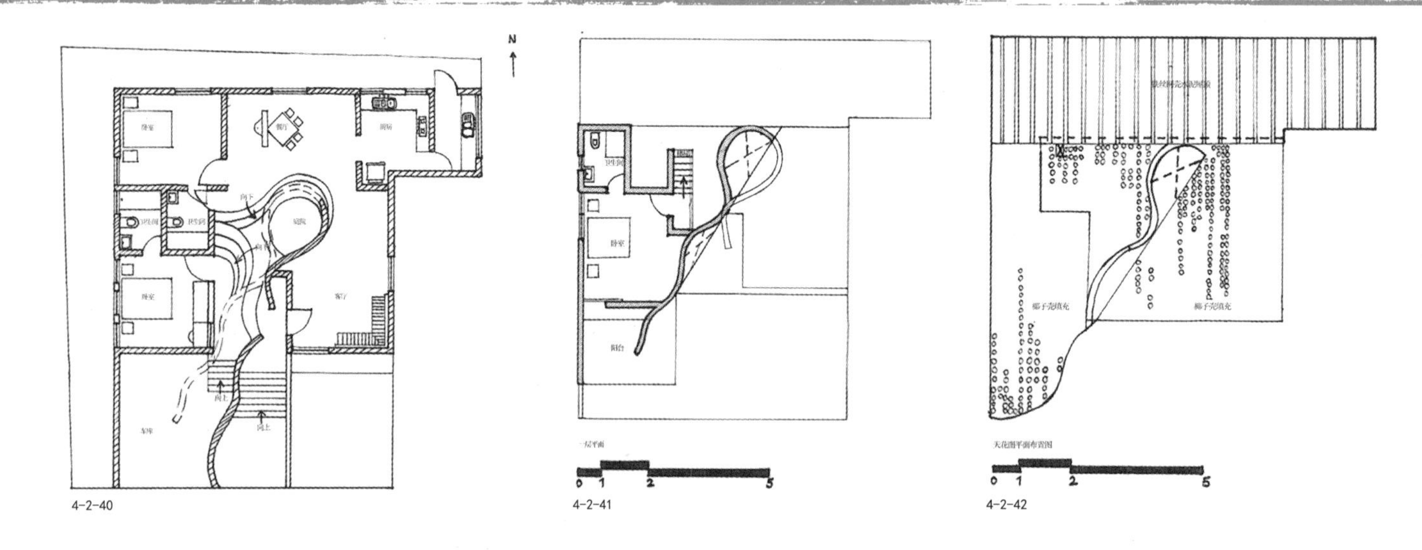

4-2-40　4-2-41　4-2-42

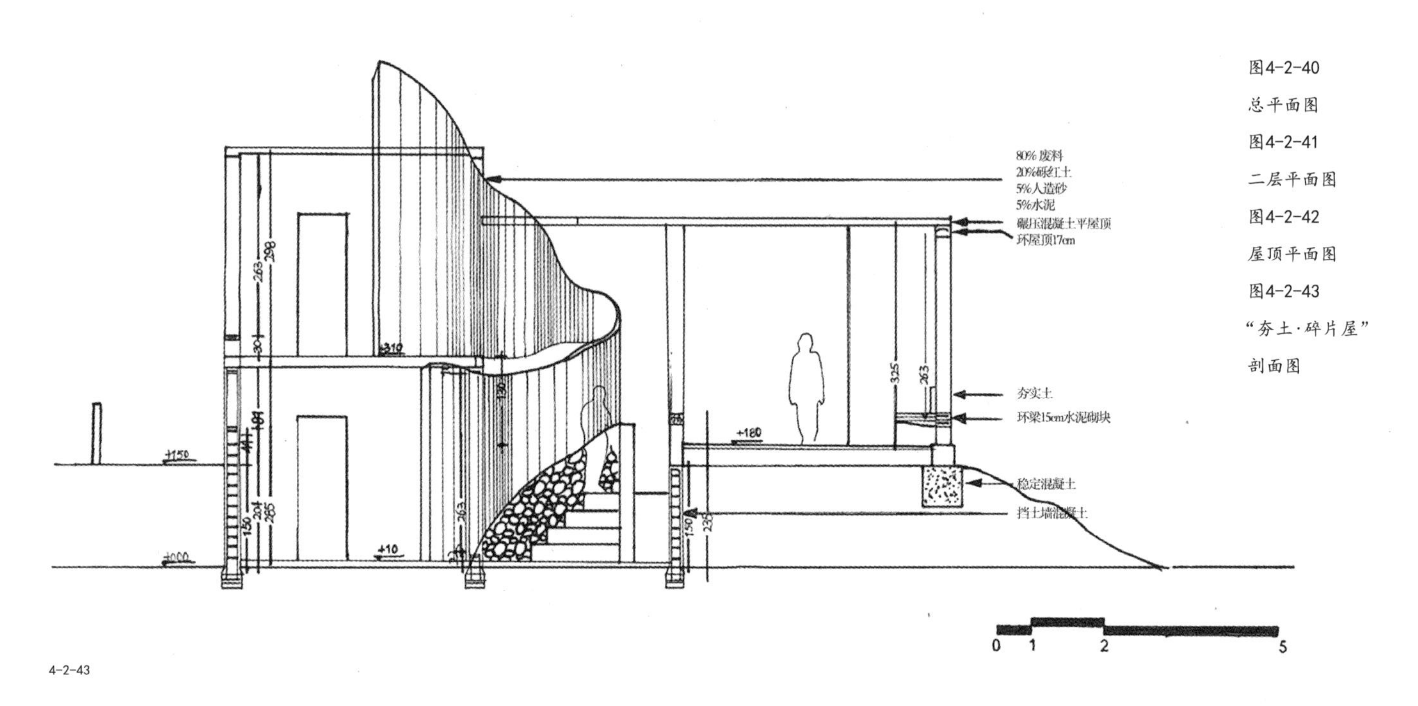

4-2-43

图4-2-40
总平面图
图4-2-41
二层平面图
图4-2-42
屋顶平面图
图4-2-43
“夯土·碎片屋”
剖面图

生土材料是以原状生土为主要原料，其本色均匀、质地紧凑且纯净，是最为传统的建筑材料，人们往往注重生土的传统性，从而忽视了其本身肌理的美感，它粗糙的质地让人容易陷进岁月的回忆里，去感受时光的古朴。经过现代新技术的加工，它可以呈现粗糙、光滑、细腻、不同色彩等不同的效果，尽管效果呈现各异，但仍然给人亲近温暖的心理感受。生土的色彩变化相对来说比较单调，因此整体感较为突出，传统的生土墙面没有特殊的色彩肌理，但是通过现在新工艺、新设计，则可以形成丰富的墙面艺术肌理以此来满足当代人们的审美需求，同时生土夯筑后形成粗犷的肌理，体现了历史的厚重感和人们对生态自然的向往。

生土作为可回收利用的自然资源，使用时不会产生任何建筑废料，且具有可持续发展的特性，具有极高的生态价值。远观国际建筑形式，绿色生态低碳建筑是未来发展趋势，绿色生态建筑要遵从以人为本的理念。因此，使用时选择正确的建筑材料对生态保护具有重大意义。

生土材料也是中国传统建筑文化的重要元素之一，承继传统文化的思想流淌在我们每一个人的血脉之中，建筑文化回归是中国未来建设和发展的指明灯。龙应台在第三届中国建筑思想论坛上以诗一般的语言说:“传统就是绑着氢气球的那根粗绳，紧连着土地，传统不是怀旧的情绪，传统是生存的必要。”

生土建筑随着生土材料的改良以及夯筑工艺技术的更新而发展。首先，生土材料的历史属性和文化属性，具有延续传统文化的独特优势；其次，生土材料对传统艺术、空间、文化传承，以及地域特色呈现等方面具有很大的发挥潜力。生态环境益趋严峻的当下，结合现代材料与新工艺合理利用生土材料，发挥其生态特性与艺术价值，既可增强生土的适应性能，也为传统材料表达提供新的艺术可能性。

随着新的建造技术以及材料工艺的进步，传统材料打破了自身桎梏而焕发出新的艺术张力和生命力。传统材料的重生使建筑师们也开始注重生土材料的设计实践运用，赋予生土建筑新的设计语言且重新定义新的生态建筑。传统生土材料依然具有极大的研究价值与发展潜力，亟需更多的学者去研究发掘。

竹木篇

五、竹木工艺之传统

中国以竹木作为建筑材料，在生产和使用上是较为广泛和普遍的，尤其在对竹木工艺的长期运用过程中，逐步形成了中华民族独具特色的制作方式与审美范式。竹木工艺技术的发展依托于社会与文明的发展，贯穿于人们的衣食住行之中，集中于社会生产的多个门类。

（一）竹的发展历史

竹子使用的历史渊源已久。湖南高庙文化遗址出土的，距今7000多年竹篾垫子是我国已知最早的竹编制品。西安半坡村仰韶文化遗址也曾挖掘出距今6000年左右，底部带有竹编织物印痕的陶瓷。早期，以象形文字带有“竹”字演变至今的汉字仍有迹可循，例如笔、箱、笼、竿、篮等，以示物品在最初都是用竹材料制作而成，小到书籍、乐器、器皿、家具和服饰，大到围栏和建筑等都多有竹材料的广泛应用，从奴隶社会至今，竹材已成为生活中不可或缺的原生材料。

春秋战国时期，编制工艺得到空前发展。随着铁制工具的出现与应用，使竹丝篾片的加工和竹编制品的生产变得便利了许多，竹编技艺也因此得到改善与提高。

秦汉时期的竹工艺延续了战国特色，尤其是发展到魏晋时期，编织技法日臻精细，不仅在深度与广度上进行发展与提高，更是将竹子坚韧不拔的精神融入至文人士大夫的生活中。

到了唐宋时期，经济繁荣，文化昌盛，竹材的使用范畴不断扩大，加工技术也更为精湛，竹编工艺品不仅外形精美，编织技法也是层出不穷，具有很高的审美价值与应用价值。

明代初期，江南一带从事竹编的手艺人逐渐增多，他们走街串巷，上门加工各式精致讲究的竹席、竹篮等。明嘉靖年间，在嘉定、金陵等地出现了竹刻艺术的流派，竹刻成为专门的艺术。

清乾隆后期是竹编发展的鼎盛时期。人们的日常生活逐渐多元化，需求也随之增加，如夏季睡觉纳凉用的“竹夫人”、冬季驱寒用的“取暖篮”等，均体现了当时手工艺者的精湛技艺与创造水平。

进入21世纪后期，随着我国社会生产水平和科学技术的进步，许多新型材料应运而生，冲击着竹编工艺市场。例如塑料、玻璃、金属等材料的广泛应用，不仅在使用年限上冲击着竹编制品，在功能上也使其趋于弱势。在新时代的浪潮下，竹编工艺逐渐失去往日的光环，淹没在新型材料的浪潮里。但是传统材料经过手工艺加工，通常给人怀旧温暖感觉，更容易产生心灵上的共鸣，竹器特有的材料属性在当下全球化秩序的发展中，终会形成其别具一格的样态。

（二）木的发展历史

木作大约出现在六七千年前的新石器时代，据目前出土遗址中的木结构建筑遗存可知，不同地区木结构建筑受其环境影响在营建形式和类型上各具特色。其中由长江流域附近的巢居发展而来的干栏式民居建筑，与黄河流域的穴居文化发展而来的木骨泥墙建筑均具有代表性，同时期也出现了各种简单的小木作的雏形，树桩、树墩、石块都是早期小木作形成的标志。河姆渡遗址出土的干栏式长屋遗迹是我国迄今发现最早的木结构实例。

奴隶社会时期，木作发展经历了从单体形态的完备到初步体系形成的阶段。湖北蕲春县西周木构架遗址中发现了大量的带榫木柱、木板，甚至有木楼梯的残迹。

春秋时期，铁器牛耕进入人们生活，社会生产力水平发展稳固，上层社会追求华丽的建筑，因此木作工艺有突破性的进展。小木作工艺如格肩榫、十字榫、插肩榫、燕尾榫、透榫等多种结构得到发展。战国时期，木作榫卯的形式多样，受力性能的运用也更加科学，如古战车的车轮木结构组合严谨、扎实耐用，车身尺度得体舒适。由此可知，春秋战国时期的木作工艺已达到一定的水平（图5-2-1、图5-2-2）。

现存关于秦汉时期木作的记述较少，从出土的石木雕刻、绘画等相关资料可以看出当时的木作结构较之前已有较大的发展与创新。斗栱作为建筑的主要结构，不仅可以支撑和维护土墙及木构架，也作为基础用以承托屋檐、保证屋檐的深度与安全性的作用。

三国两晋南北朝时期，国家动荡不安，社会生产发展较慢，木作工艺创新较少，基本继承和运用此前的成果，其木作成就突出体现在佛教建筑与风景园林中。

隋唐时期国家稳定与社会风气兼容并蓄，中外文化的交流环境良好，木作工艺得到创新发展。所有构件都具有结构上的作用，不止于装饰而存在，并且该时期统一了建筑艺术加工与基本结构。

宋代李诫创作的建筑学著作《营造法式》标志着大木作榫卯形成规范，把“材”作为建造的尺度标准，营造制度的逐渐完善，使木作工艺达到了又一高峰。

元朝继承了宋、金的传统，但是由于资金与材料的匮乏，在形式上简化了宋代过于繁多的装饰。在节约材料与优化结构的前提下，加强了结构本身的整体性和稳定性。

明朝社会经济得到了恢复和发展，木架构方面经过元代社会的发展与简化，斗栱的力学结构作用逐渐减小，装饰作用逐渐增大。木作的形式、构造、材料、工艺技术趋于成熟，出现造型简练、结构严谨、装饰适度等特点。传统木作手工艺在明代达到顶峰，其中以明式家具最为典型，并且在榫卯种类和做法上更加全面和成熟。

清朝大体承袭了明代传统，帝王苑囿规模大、数量多，达到了园林建造的极盛期。进口稀有名贵木料，得到上层社会和文人雅士的追捧，复杂的木雕工艺也在这一时期得到发展。

5-2-1

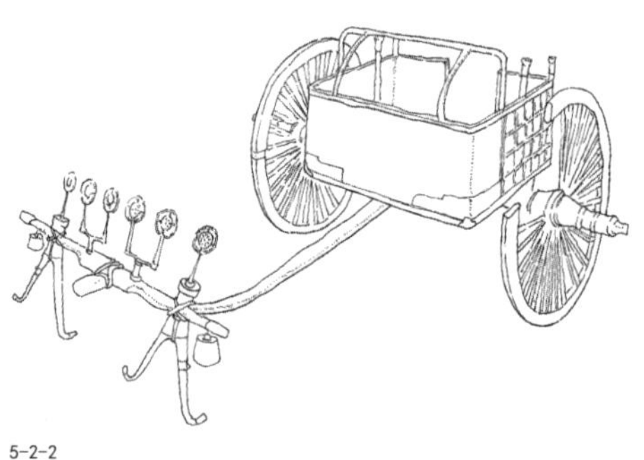

5-2-2

图5-2-1
古战车出土图
图5-2-2
古战车复原效果图

（三）我国竹材料的分布

西南高山竹区

位于华西海拔1000~3000m的高山地带，是原始竹丛，主要有方竹属、箭竹属、采竹属、玉山竹属、慈竹属等一些竹种。

华南竹区

位于北纬10°~20°之间，竹种数量较多的地区，有酸竹属、刺竹属、牡竹属、藤竹属、巨竹属、单竹属、梨竹属、滇竹属等竹种。

黄河—长江竹区

位于北纬30°~ 40°之间，本区内主要有刚竹属、苦竹属、箭竹属、青篱竹属、赤竹属等竹种。

长江—岭南竹区

位于北纬25°~30°之间，竹林面积最大地区，主要竹种有刚竹属、苦竹属、短穗竹属、大节竹属等。

5-3-1

图5-3-1
中国竹资源分布图

我国国土面积广，地理环境较为复杂，拥有丰富的优质竹种。目前我国竹林面积高达720万hm^2，拥有品种37属500余种。我国竹资源主要分布于湿度相对较大的南方地区，以浙江、江西、湖南、福建四个省为主。我国竹林可划分为黄河——长江竹区，长江——岭南竹区、华南竹区、西南高山竹区四个竹区。由于产地与生产环境的不同，各竹区在属性、特征和类别上都具有一定差异性，其中竹材质量差别尤为明显。生长环境优渥的竹子，竹竿粗壮，却因其生长速度过快，导致竹子材质疏松，承重能力较弱；相反生长环境恶劣的竹子，养分较少，生长速度较慢，反而在密度和承重能力上较前者更为优秀。因此，在选择竹材时，产地优渥与否并不是判定竹材的唯一标准（图5-3-1）。

图5-4-1

中国木资源分布图

（四）我国木材料的分布

近40年得益于我国不断推行的政策制度，我国森林面积增长了81.1%，森林蓄积增长了102.9%。其中北方以针叶树种为主，南方以阔叶树种为主。根据我国木材的分布，加工制造形成了就地选材等原则（图5-4-1）。

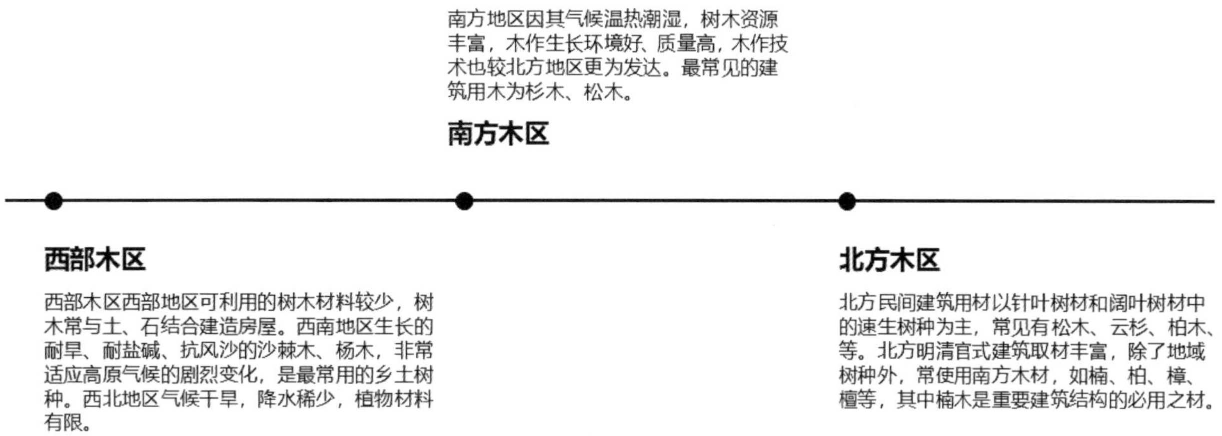

南方地区因其气候温热潮湿，树木资源丰富，木作生长环境好、质量高，木作技术也较北方地区更为发达。最常见的建筑用木为杉木、松木。

南方木区

西部木区

西部木区西部地区可利用的树木材料较少，树木常与土、石结合建造房屋。西南地区生长的耐旱、耐盐碱、抗风沙的沙棘木、杨木，非常适应高原气候的剧烈变化，是最常用的乡土树种。西北地区气候干旱，降水稀少，植物材料有限。

北方木区

北方民间建筑用材以针叶树材和阔叶树材中的速生树种为主，常见有松木、云杉、柏木、等。北方明清官式建筑取材丰富，除了地域树种外，常使用南方木材，如楠、柏、樟、檀等，其中楠木是重要建筑结构的必用之材。

5-4-1

六、竹木材料的特性

图6-1-1 竹材剖面图

图6-1-2 竹材组成部分

图6-1-3 竹材细胞构造

（一）材料的基础特性

木材作为一种天然的可再生环保材料，不仅拥有高效的保温隔热性能，还具有优良的可加工特性，被广泛应用于生活中的家具、建筑、交通运输等行业。目前全球可利用的木材资源正逐步减少，为缓解木材供应压力，挖掘快生林竹材的应用潜力尤为重要。竹材在纤维含量和韧性等方面优于木材，也适用于家具制造、造纸业等木材高需行业。

竹

竹材是竹秆经切割风干而形成的一种天然环保材料。竹子因其特殊的内部结构而广泛应用于各行各业。竹材的结构组成有竹壁、竹节、节隔三部分。如图6-1-1可知，竹壁为生产主要用材。竹壁上的竹节内部有一个节隔——坚硬的板状横隔，具有增强竹竿的强度效果。

若将竹子横向锯切、刨平，从外到内可以得到竹青、竹肉和竹黄三部分。竹青紧凑、坚韧、光滑附有蜡质，由长柱状细胞组成，适合用作编制材料——竹篾。竹黄位于竹壁最内侧，具有竹质坚硬、质地较脆等特质，适用于制作著名的翻簧竹刻、竹雕等工艺品（图6-1-2、图6-1-3）。

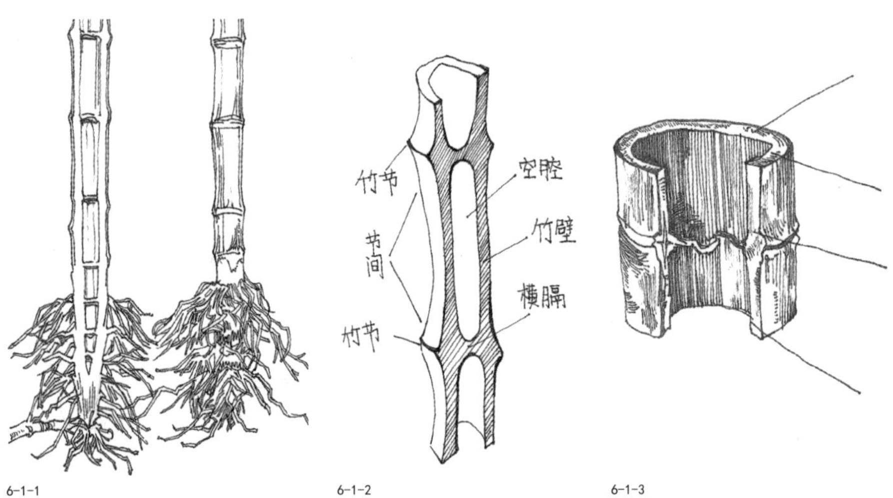

6-1-1　　6-1-2　　6-1-3

通过数据搜集，将竹子与其他材料进行对比，对竹材的优点进行分类总结，并阐明推广竹材使用的原因。

①生长速度快，再生能力强

竹子属于快生林木。数据显示，在雨量充沛的条件下，竹子的生长速度可以达到每昼夜增长150～200cm，部分竹子能够在短时间内长到40m，产量远超树木，是一种优秀的生态材料。其生长周期短，循环快，三个月就可以基本形成，一年内便可变成竹材投入使用。若竹子根部保留完整还能继续生长，相较生长周期偏长的树木而言，竹子的优势显而易见。

②种植成本低，质量轻

竹子对于生长环境要求不高，是园林中常见的植物。其拥有适应能力强、占地面积小、种植成本不高和易于加工等特点。竹材在建造成本上相较于木材要低20%左右。在用材质量上，竹材较之钢材也具有明显的优势（表6-1-1、表6-1-2）。

③高抗拉伸强度和抗弯强度

资料显示，竹材是最坚韧的生态材料之一，竹材的抗拉与抗压强度可与钢材、混凝土相媲美。竹材料的抗弯能力来源于其独特的“腹空”结构，是竹子作为一种天然材料的独特优势。因此，在相同高度、相同体积的情况下，因为竹质的中空结构其质量更轻，同时根据弯曲理论，其空心杆的壁厚特性具有一定的抗拉伸强度和抗弯强度。

材料	耐压强度（N/mm^2）	密度（kg/m^3）	比率
混凝土	8	2400	0.003
钢	160	7800	0.020
木材	7.5	600	0.013
竹子	10	600	0.017

表6-1-1 竹材与其他材料的强度比较

项目	顺纹					横纹			横纹挤压		
	抗拉	抗压	挤压	径向抗压	劈裂	径向抗压	弦向抗压	抗弯	切向	径向内边	径向外边
强度（MPa）	200	65	59	11.5	2.3	10.6	20	1157	22.6	154	22.8

表6-1-2 竹材各种力学强度

木

木材作为建筑材料，框架质量小，单位承载力相较钢筋混凝土更高，抗震、抗瞬时冲击力较强，其弹性与韧性也优于部分建筑材料。应县木塔、独乐寺观音阁等经历数次地震仍完整保留下来的木结构建筑，就是其抗震、抗冲击能力的有效见证，可见木结构在建筑中不可或缺（表6-1-3）。

木材	抗拉强度（MPa）	抗压强度（MPa）
杉木	77.2	40.6
红松	98.1	32.8
麻栎	143.2	57.7
樟木	110.8	46.5

表6-1-3 木材的强度比较

（二）材料的艺术特性

肌理

竹子通过其独特的组织结构，在肌理上体现出特有的视觉与触觉效果。竹产品的肌理、材质和形式均是通过其自身精细或粗糙、疏松或坚硬的质感经人工转化而创造的。多样的竹纹理给人带来多方面对竹美感的体验，这也是竹产品设计核心之所在（图6-2-1～图6-2-4）。

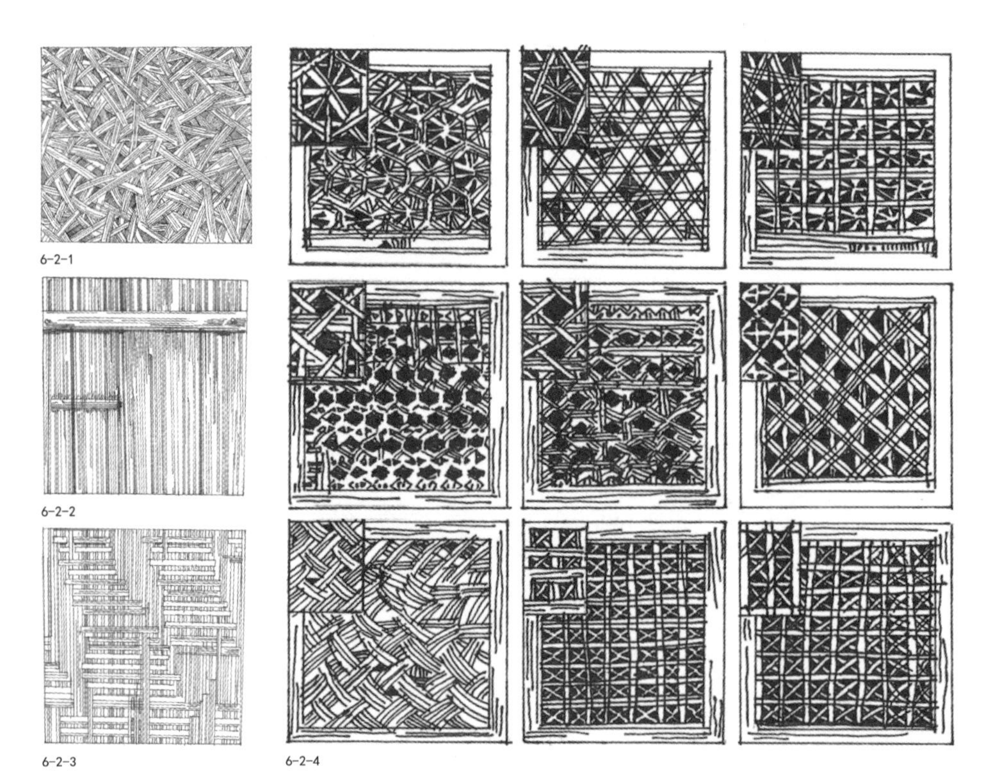

图6-2-1 竹材肌理图1
图6-2-2 竹材肌理图2
图6-2-3 竹材肌理图3
图6-2-4 竹材编织肌理图

天然质感

竹的质感

因竹子纹理的特殊性，使其在锯切时需要根据纹理的方向进行切割。在加工的过程中，以反映出其真实的纹理及自然的美为主旨，强调设计中材料给人最有温度的状态。竹子处理后颜色的差异会给人不一样的感受。例如，黄绿色会显得活泼，绿色为明净淡雅，漂白后则显得干净透亮（图6-2-5～图6-2-7）。

木的质感

天然材料，贴近自然，使用安全是人们对于木材最直观的感受。自然生长的细腻纹理和反射柔和的自然光，使木材不同于其他材料。无论是未经打磨的原始粗糙状态，还是剥落修整后的细腻状态，都会带给人们自然的感觉，而树脂含量的多少会影响光泽度的变化。随着现代技术的进步，多形式的加工合成制品正在取代原木的使用，表面纹理及色泽处理也近乎呈现出原木的状态，减少了对原生木材的使用（图6-2-8～图6-2-11）。

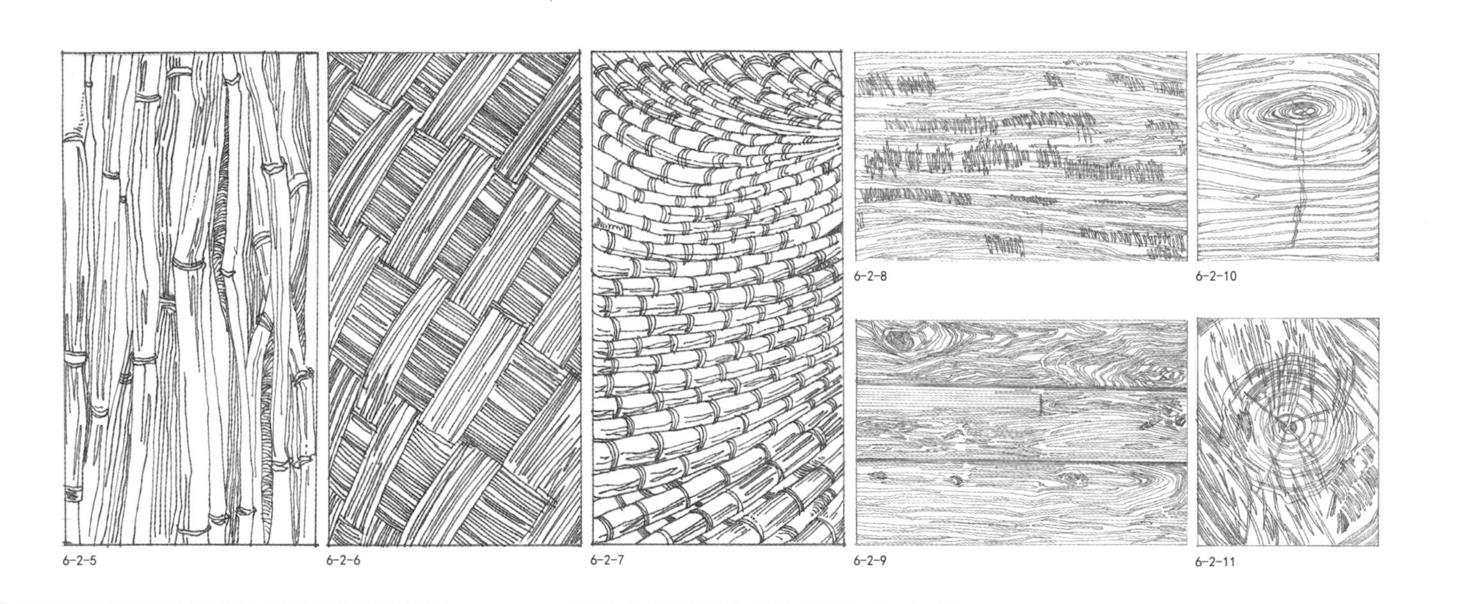

6-2-8　6-2-10

6-2-5　6-2-6　6-2-7　6-2-9　6-2-11

七、竹木材料的工艺技术与营建中的应用

（一）竹材料的工艺技术

竹工艺制品是人们日常生活中必不可少的产品之一，在我国漫长的历史演进中，竹制品始终伴随着劳动人民的生产和生活。竹制品种类丰富，小到厨具、炊具，大到家具、建筑，包括了生活的方方面面，满足着人们的日常所需（图7-1-1、图7-1-2、表7-1-1）。

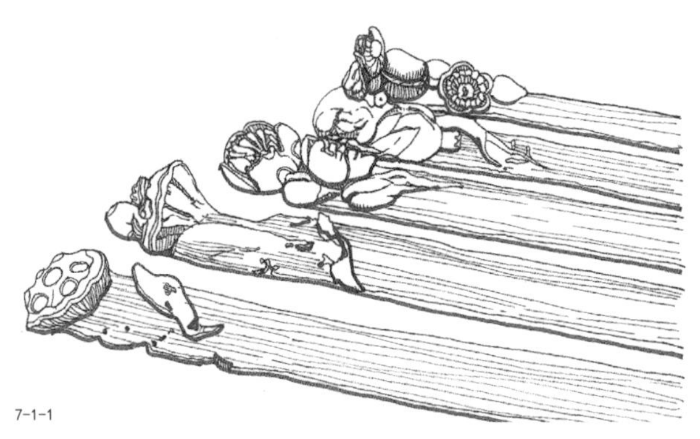

7-1-1

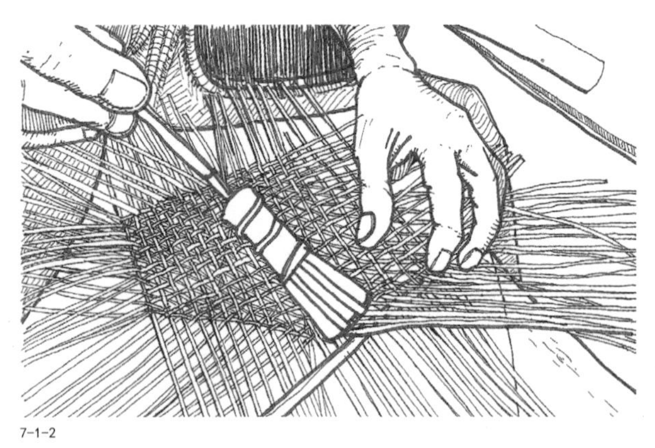

7-1-2

<table>
<tr><td rowspan="10">竹器物</td><td rowspan="3">日常生产用品</td><td colspan="2">农田生产工具</td><td>簸箕、菜箕、鸡罩、竹犁耙、连枷、高转筒车、竹水车、原竹车木、桔槔、高转筒车</td></tr>
<tr><td colspan="2">家用生产工具</td><td>斗笠、箩筐、簸箕、筛子、竹背篓、采篮子、老簸箕、竹流水器</td></tr>
<tr><td colspan="2">渔具</td><td>捕鱼箩筐、鱼笼</td></tr>
<tr><td rowspan="7">日常生活用品</td><td rowspan="2">厨具</td><td>炊具</td><td>捞漏勺、竹篓、竹刷子、竹蒸笼、竹甑</td></tr>
<tr><td>餐具</td><td>食盒、竹酒杯、竹筷、竹盘、竹勺、竹筒、竹碗、竹茶具</td></tr>
<tr><td>器具</td><td colspan="2">收纳篮、竹花器</td></tr>
<tr><td rowspan="2">家具</td><td>编织类</td><td>竹帘、竹编扇、竹笥、竹席、竹箱</td></tr>
<tr><td>斫削类</td><td>竹案、竹床、竹凳、竹椅子、竹制儿童车</td></tr>
<tr><td colspan="2">服饰</td><td>竹履、竹帽、竹配饰</td></tr>
<tr><td colspan="2">文房用品</td><td>竹笔、竹筒、竹筒、竹根印、竹戒尺、竹台</td></tr>
<tr><td colspan="2" rowspan="2">交通工具类竹制品</td><td colspan="2">水运</td><td>簸箕船、竹船、竹筏、竹棚船、竹船艇</td></tr>
<tr><td colspan="2">陆运</td><td>竹轿子滑车、竹自行车、竹车</td></tr>
</table>

表7-1-1 竹器物分类表

图7-1-1 竹雕工艺

图7-1-2 竹编工艺

日常生产用品

日常生产器具，是指人们在日常进行生产、加工和劳动时所使用的器具。根据不同的劳动类型，将竹制品生产器具分为三大类：农田生产工具、家用生产工具和渔具（图7-1-3～图7-1-6）。在人们对生产器具需求不断多样化的过程中，竹编制器具以其多种形式满足着人们日常的生产生活。

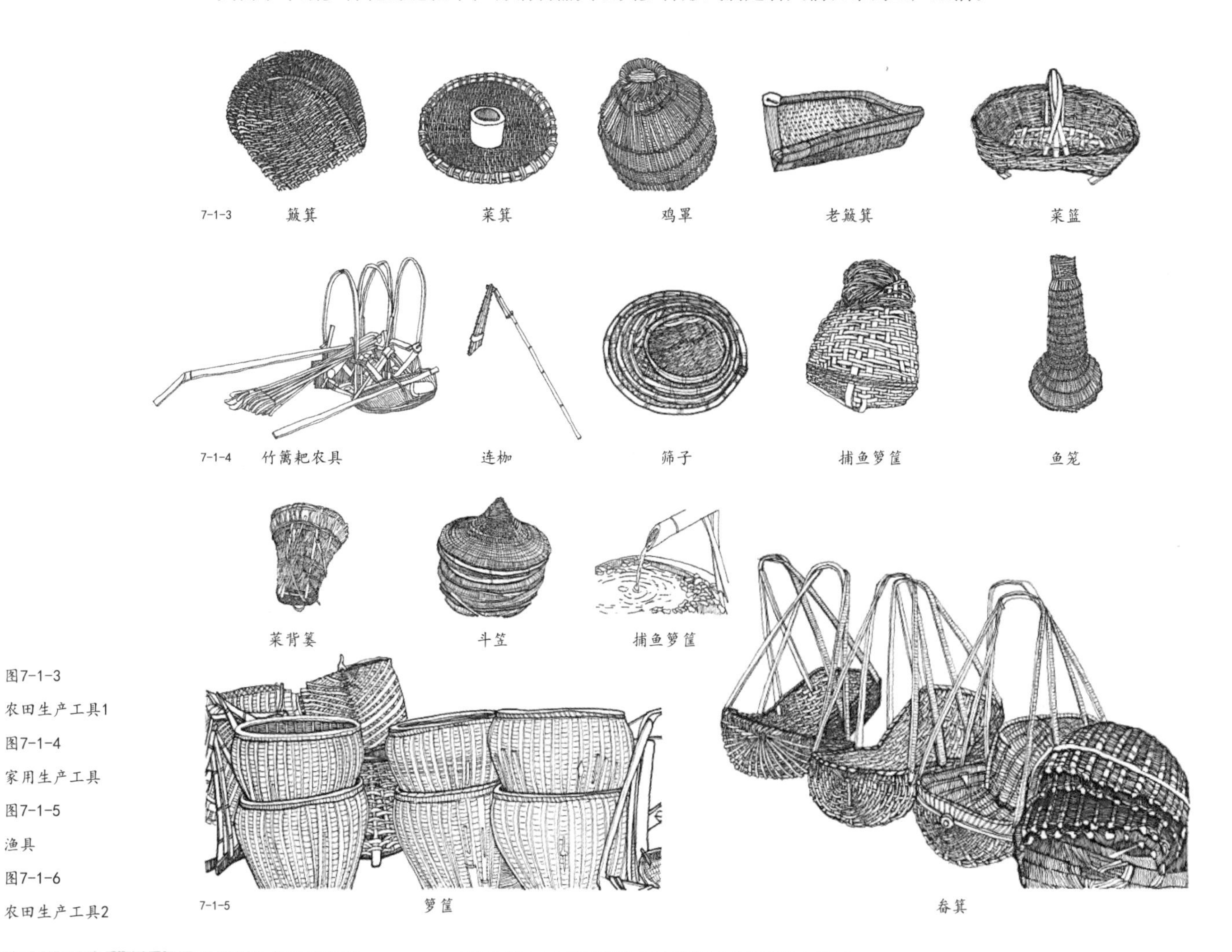

图7-1-3 农田生产工具1
图7-1-4 家用生产工具
图7-1-5 渔具
图7-1-6 农田生产工具2

高转筒车　竹水车　桔槔

7-1-6

日常生活用品

在我国，传统竹编产品中生活用品占比较大，例如竹筷子、竹扇、竹凳、竹帘等（图7-1-7～图7-1-13）。

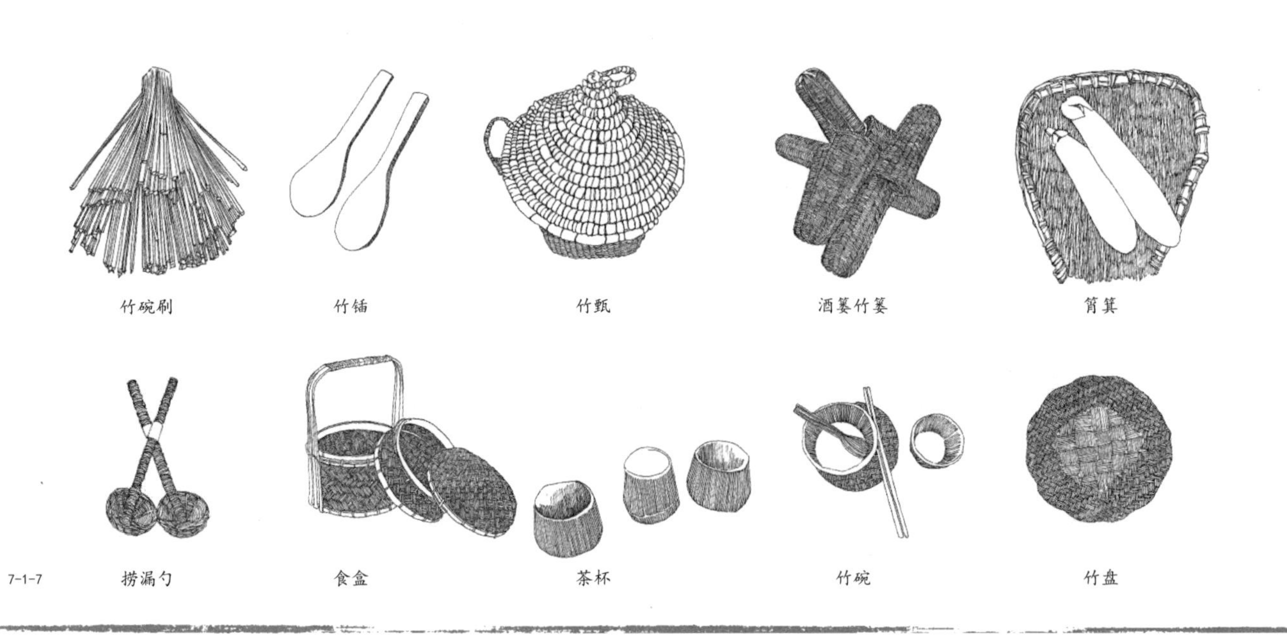

竹碗刷　竹铺　竹甑　酒篓竹篓　筲箕

捞漏勺　食盒　茶杯　竹碗　竹盘

7-1-7

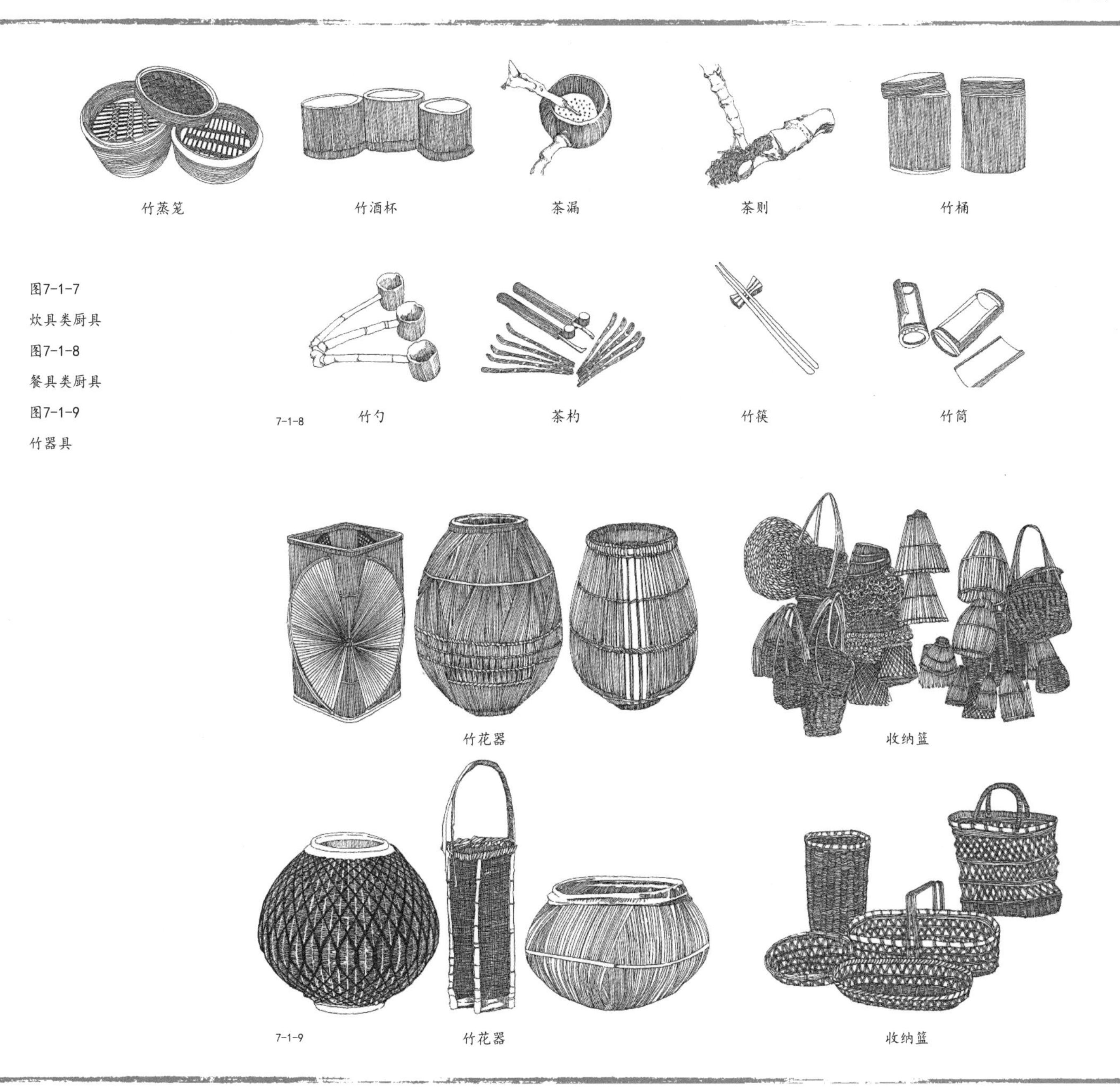

图7-1-7
炊具类厨具
图7-1-8
餐具类厨具
图7-1-9
竹器具

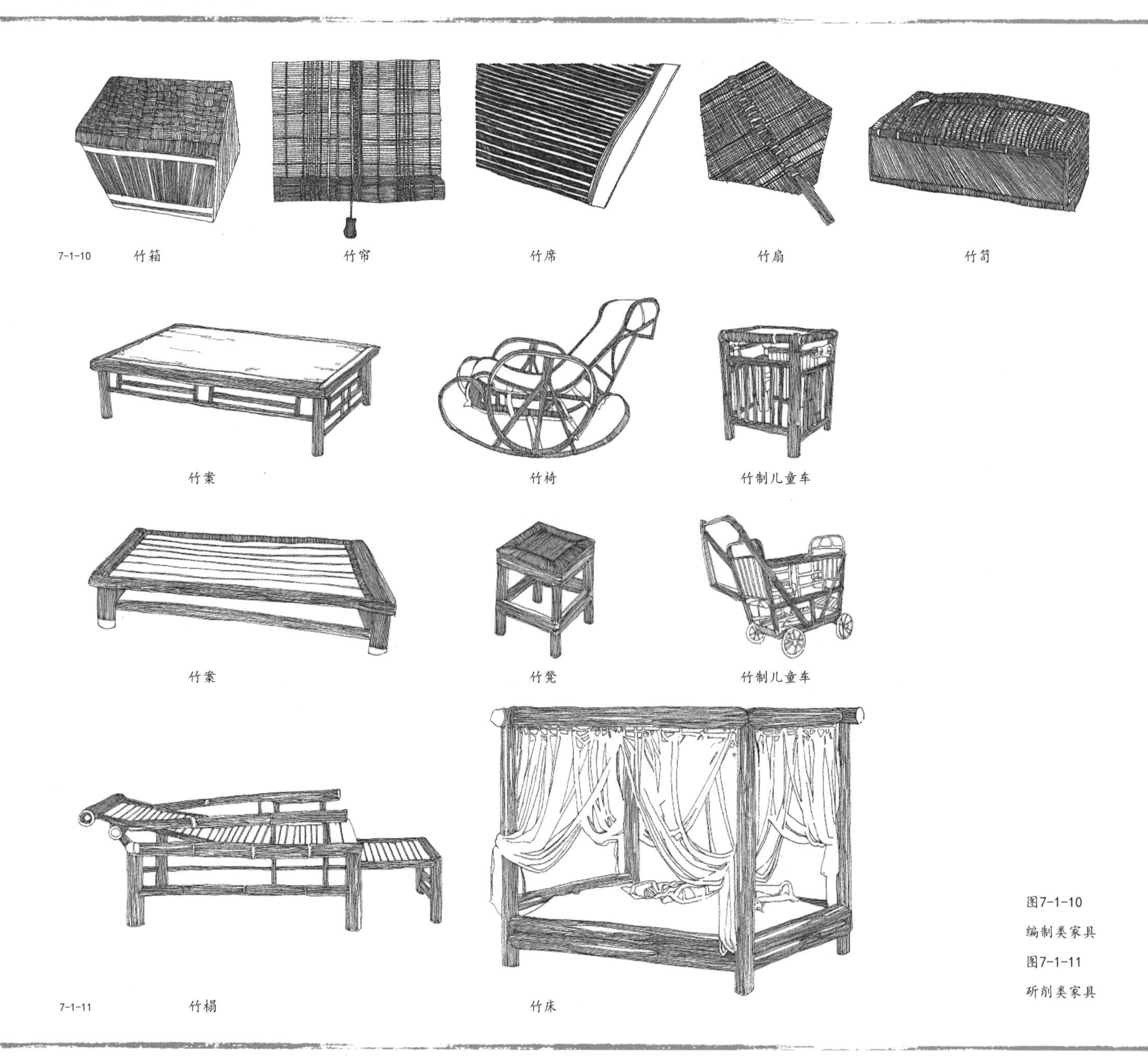

图7-1-10 编制类家具

图7-1-11 斫削类家具

图7-1-12
服饰类
图7-1-13
文房器具

传统竹编生活器具的种类丰富，从满足人们基本生活需要的生活用品到文化产品，竹子通过不同形式出现在人们的生活中，所蕴含的文化内涵也随之渗透到使用者的精神血脉之中。

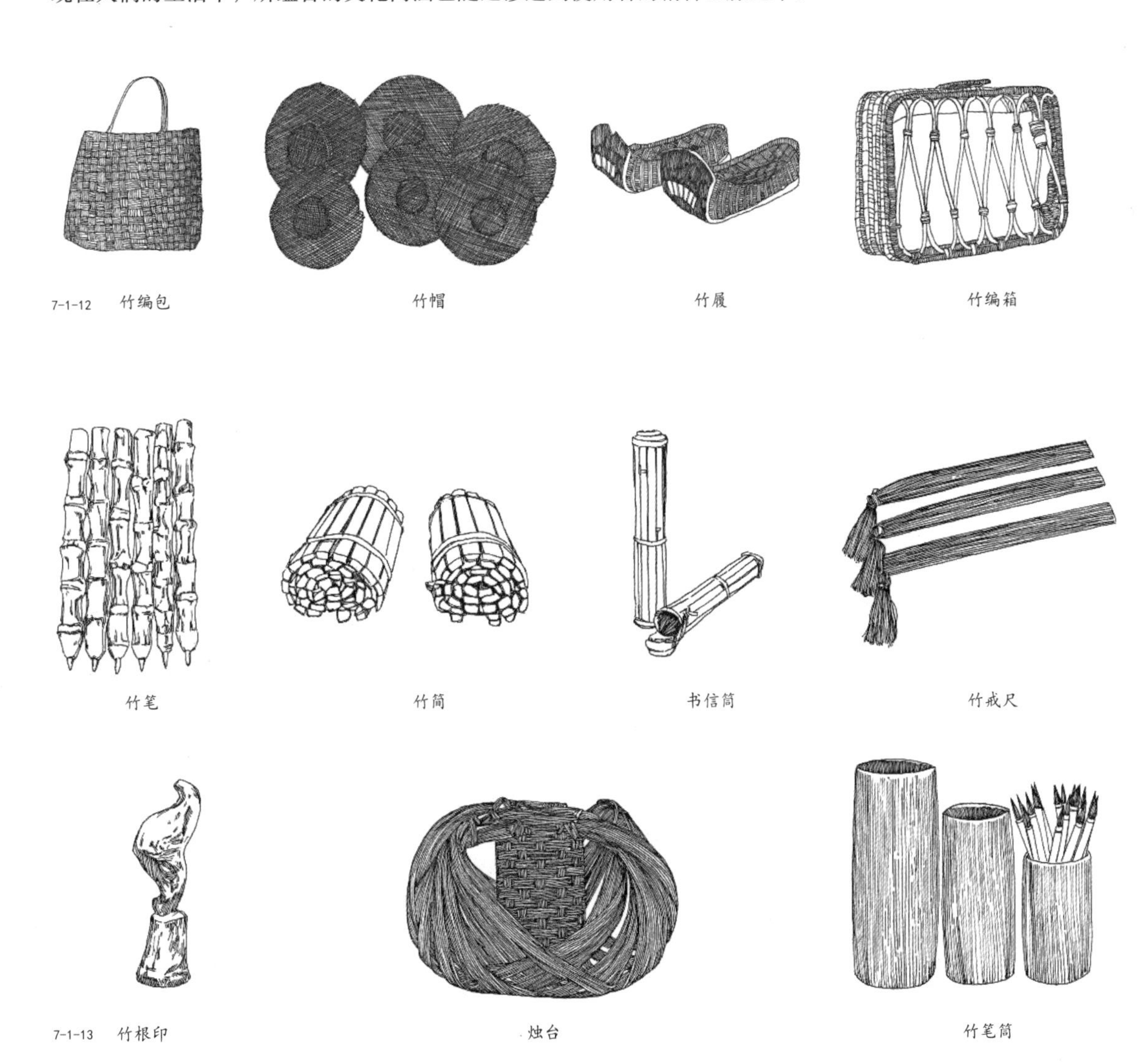

7-1-12 竹编包 竹帽 竹履 竹编箱

竹笔 竹简 书信筒 竹戒尺

7-1-13 竹根印 烛台 竹笔筒

交通工具类竹制品

其他竹工艺制品主要以交通工具为主，分为水运和陆运两种，水运有簸箕船、竹船、竹筏、竹棚船、竹船艇等，陆运有竹轿子滑车、竹自行车、竹车等（图7-1-14、图7-1-15）。

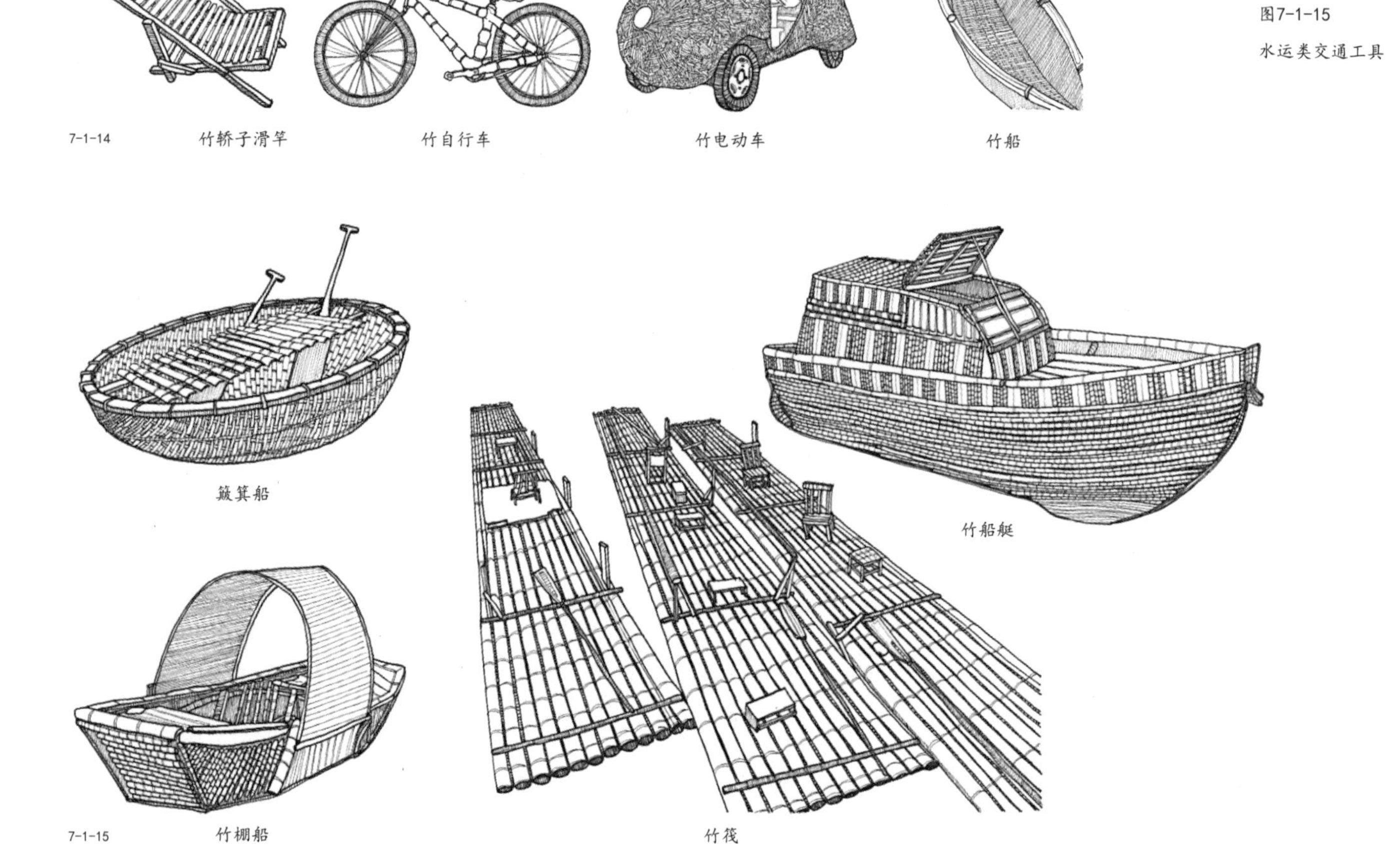

图7-1-14 陆运类交通工具

图7-1-15 水运类交通工具

传统竹编技法

竹编工艺在我国传统手工艺中的地位十分重要，其原材料为不同形式的竹材本身，通过多样的编制技巧而成型。传统竹编工艺的演变是从人们日常劳作的生活工具，逐渐增加到具有装饰意义，最后兼并实用价值和艺术价值于一体。竹编工艺的发展与更迭，凝聚了传统手工艺和民俗文化的智慧结晶。

【工艺流程】

竹编工艺对于精度要求较高，从前期准备到最终成型都需要竹编艺人们的全身心投入。竹编制作基本步骤可简要分为选材、制篾、编织。

其次是选择工具，竹编制作的工艺对于工具的要求较高，每一道工艺都对应着指定的工具，如篾刀、刮刀、刮刨等（图7-1-16）。

最终是对竹篾的精加工与编织。将一根竹子加工成一根根竹篾的过程需要经历多种工序，其中包括锯竹、卷节、剖竹、刮青、劈篾、劈丝、混边和三防处理等。加工成为竹篾条之后，便可进行下一步的编织与制作（图7-1-17）。

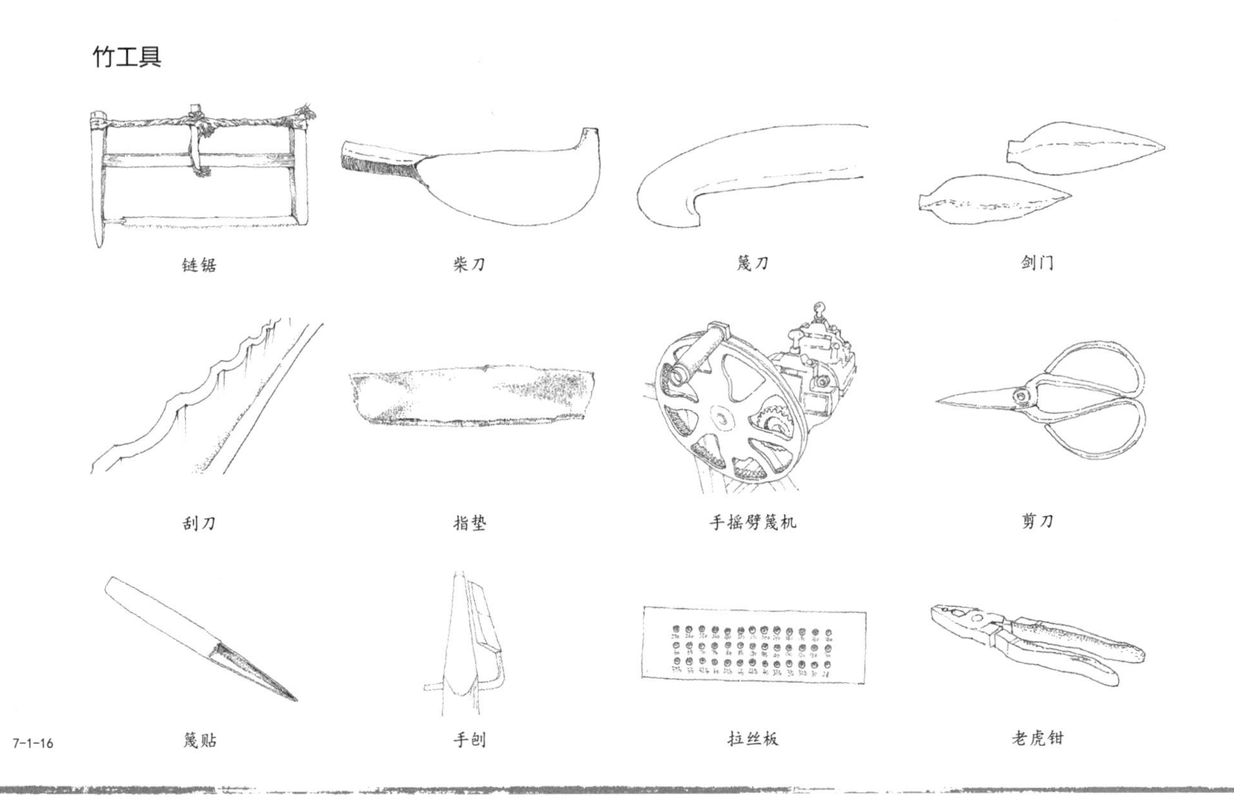

图7-1-16

传统竹工具　7-1-16

竹篾的制作过程

第一步：破篾

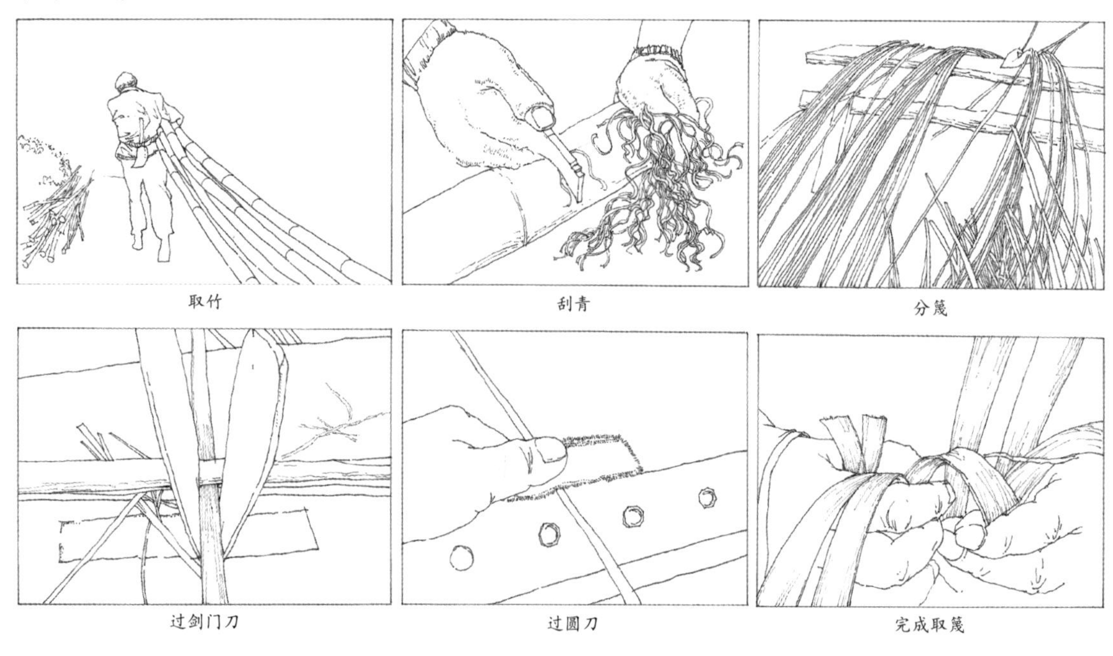

取竹　刮青　分篾

过剑门刀　过圆刀　完成取篾

第二步：染色，碳化，防蛀虫

第三步：编制

图7-1-17

竹篾制作步骤

【工艺技术】

从技法上可以将竹编工艺概括为三类：篾编、丝编、收口编。

篾编

篾编可分为常用编织技法和竹编装饰技法。竹编器物编织图样繁多，都是基于经纬交织方式之上，通过不同搭配方式进行的更新设计。

常用的竹编织技法有：人字编、十字编、四角孔编、六角孔编、八角孔编、弧型编、结绳编等。人字编能编出严丝合缝的平面作品，多用于编织精细竹席、装饰画等；六角孔编方便塑形，则多用于竹篓、竹篮等制作。我国很多技法娴熟的手工艺人编出的图案精细程度令人惊叹，制作工序复杂，装饰技法主要以展现美观和装饰性为主（图7-1-18）。

丝编

丝编也可称为细丝工艺，它和篾编的区别在于材料的粗细不同，在手法上篾编工艺技法同样适用于丝编。制作竹丝不仅费料而且制作周期长，一般用于瓷胎竹编和竹编平面字画等细腻入微的作品。以竹丝依附底胎编织的瓷胎竹编被誉为“东方艺术之花”。

收口编

收口编是收边、收口的技法处理，用于平面或立体作品中的最后一步，以防止编织面松散。收口编花样繁多，有扭口、线口、绕口等（图7-1-19）。

常用编法

1. 平编底——经纬篾片压一挑一上下交编，纬灭不留空隙，是应用最广泛的编法。

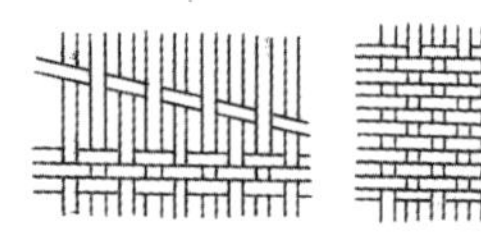

2. 四角孔编底——经纬篾片挑一压一上下交编，距离相等平行排列，留四方孔。

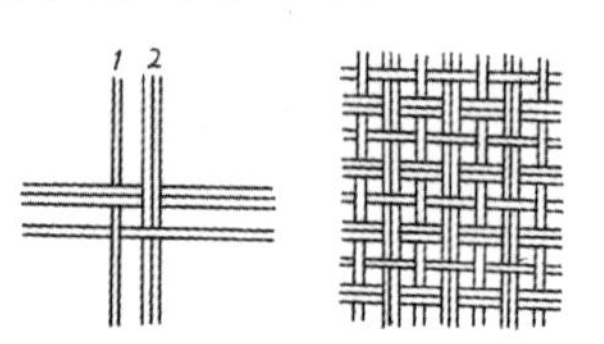

3. “米”字形编底（俗称菊编底）——篾片“十”字形交叉重叠或重叠逐渐展开（如扇形），用二条纬篾丝以挑一压一，由中间逐渐向外圈编绕。

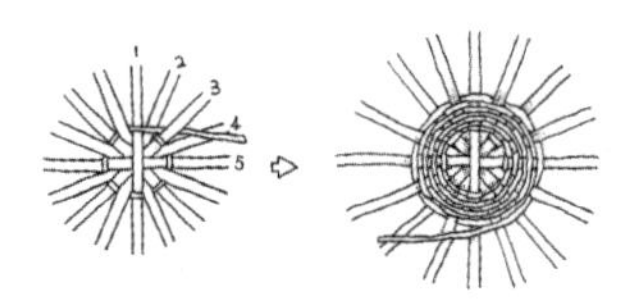

4. 斜纹编法图解——此编法是当横的纬材第二条穿织时，必须间隔直的一条，依二上二下穿织，第三条再依间隔一条，于纬材方面呈步阶式的排列，也可采用3\3、4\4的编制方式。

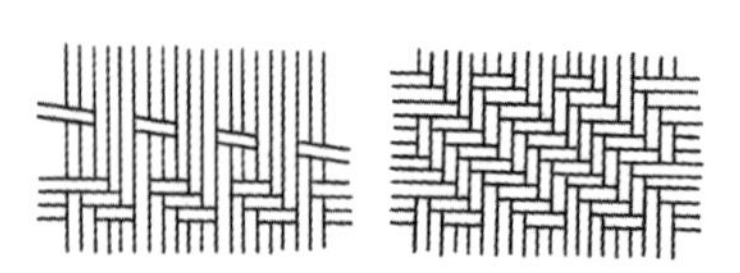

5. 双重三角形编法——从六条竹篾编起，以后增加六条，了解竹篾之间的构成关系后，逐渐增加。

6. “回”字形编法——以中心为主，以压三挑三法图案做上下左右对称。

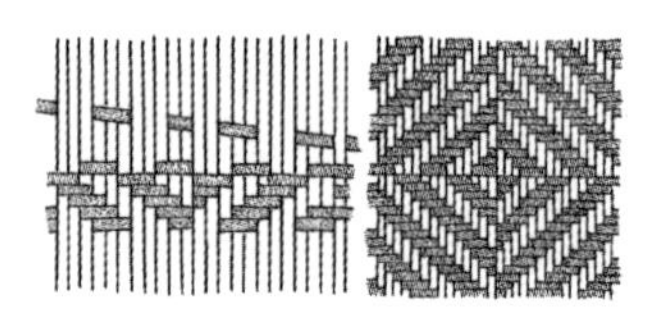

7. 六角孔编法——此法系以三条竹篾起头，再以三条竹篾织成六孔角，以后分别以六条逐渐增加。

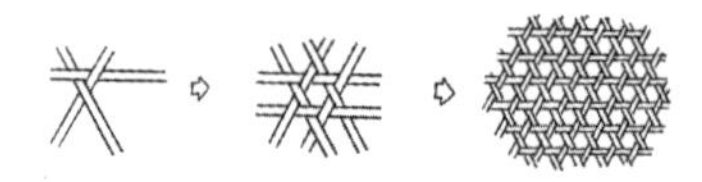

8. 三角孔编法——是以三条篾起编，第一条在底，第二条在中央，第三条在上交叉散开，而且角度相等；第二次再以六条竹篾，分别穿插，而后依次逐渐增加。

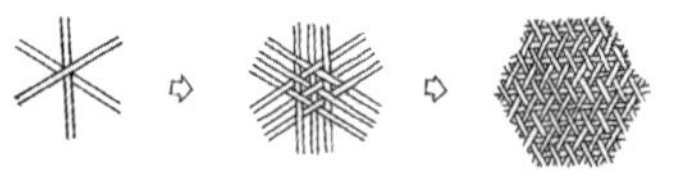

9. 圆口编织法——先以四条竹篾为一单位，重叠散开，再增加四条，并注意其如何交织，理出道理后，逐渐增加，此乃难度较高的编法。

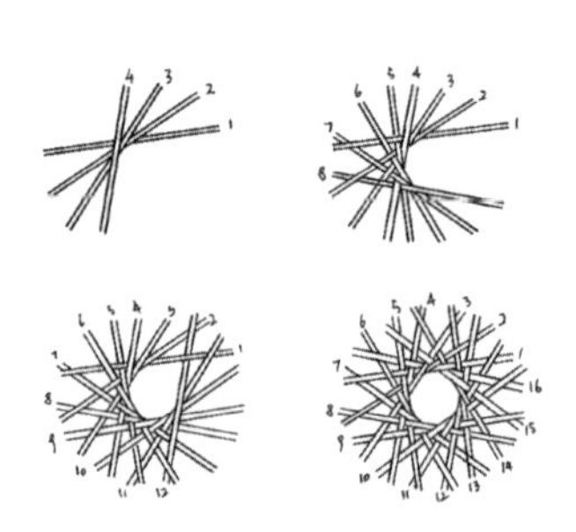

10. 梯形编法——经材排列好备用，第一条纬材以六上二下编织，第二条用五上三下，第三条纬材以四上四下，第四以三上五下，第五以六上二下编织，即成梯形步阶式图案，以五条纬材为单位，依序增加编成。

图7-1-18

常用编法汇总

收口编法

1. 经材往右下折，并将多余剩材减去，但是此收编法不坚固。

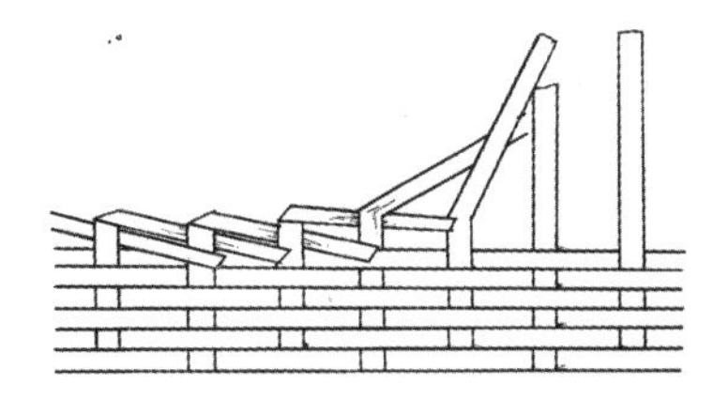

2. 外围右上斜的竹篾往内，右下折，并剪去剩材及内圈竹篾。

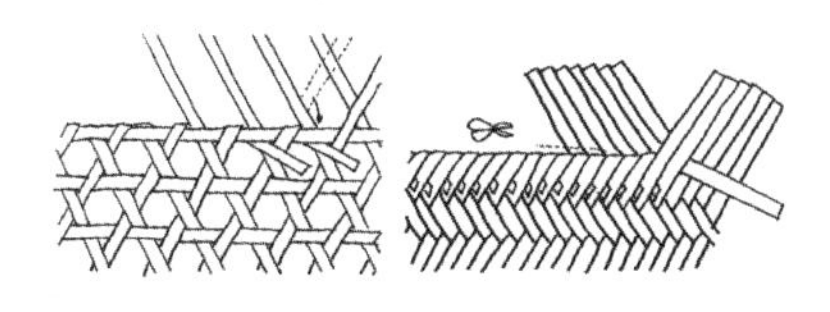

3. 以二右上斜外圈竹篾，采压二挑二方式，向下折入，并剪去剩材。

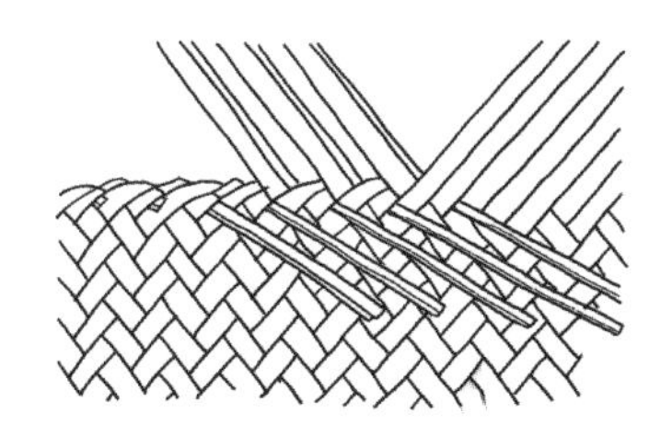

4. 于收口处，加入一个与编物口同大小的竹框，再依图中的方式收编。

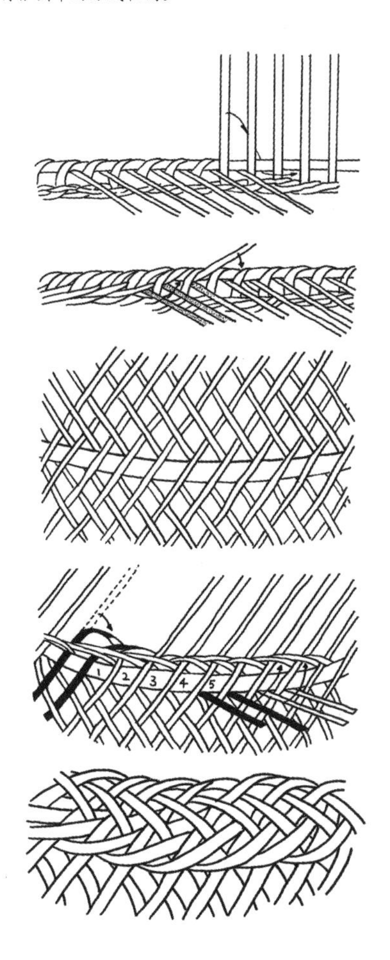

5. 在收口处，加入内、外两个竹框，夹着编物，可以利用藤皮、细藤心来做收编。有六种方法可以作为参考。

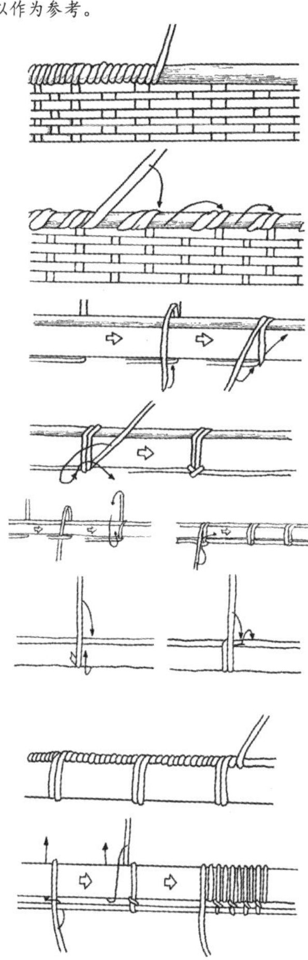

图7-1-19

收口编法汇总

（二）木材料的工艺技术

中国传统木构建筑不仅承载了悠久的建筑历史，并且展现出我国高超的营造技法，它代表了中国建筑结构体系的一大分支。整个体系从力学角度划分出了两个类别——大木作与小木作。大木作是符合建筑力学承重的结构构件，是建筑物的骨干构架。传统小木作主要功能是增加木构件组合的强度，构建稳定的整体结构，以榫卯结构为代表，做工精细、结构严谨，其主要结构形式为十字榫、燕尾榫、插肩榫等，鲁班锁就是典型的榫卯结构。

传统木建筑的主要架构形式

传统木结构的主要功能是用以承重，例如承载楼面与屋面的荷载，抗风力与地震等，最主要构件有柱、梁、檩、枋、斗栱等大木构件。从距今可考究的书籍，如宋代《营造法式》和清工部《工程做法则例》中可知，我国的古建筑木结构主要分为抬梁式、穿斗式，以及井干式三种形式。

【抬梁式】

抬梁式架构是中国古代木结构建筑的主要形式，多用于建造皇家宫殿、祭祀庙宇以及僧人修行等空间跨度较大的建筑物。抬梁式又名叠梁式，因其层层叠落的形式而得名。叠落顺序由下至上分别为柱子、梁、短柱、梁直、屋脊，梁头之上架檩条用以承托屋椽。抬梁式具有结构严谨、做工精细、结实耐用等特点，但在木材使用上耗费较多（图7-2-1）。

【穿斗式】

穿斗式结构是我国南方木结构民居主要形式，多用于民居的建造。

穿斗结构相对于抬梁式建造耗材较低、空间布局相对自由、建造较为灵活，但受木材自身特点影响，在高层的建造上具有局限性（图7-2-2）。

【井干式】

井干式木结构是将木材相互交错堆积形成“井”字形围护墙。现存数量有限，适用性偏低。井干式结构出现在商朝之前，墙体用木材层层堆叠，一方面可以用来承受屋顶传递下来的荷载，另一方面是作为围护结构遮蔽风雨。该结构相对简单，常建于地面之上或木构架之上，多建于南方。因其耗材较大，在现代实用性偏低，现有井干式结构可考数据较少。

图7-2-1

抬梁式构架

图7-2-2

穿斗式构架

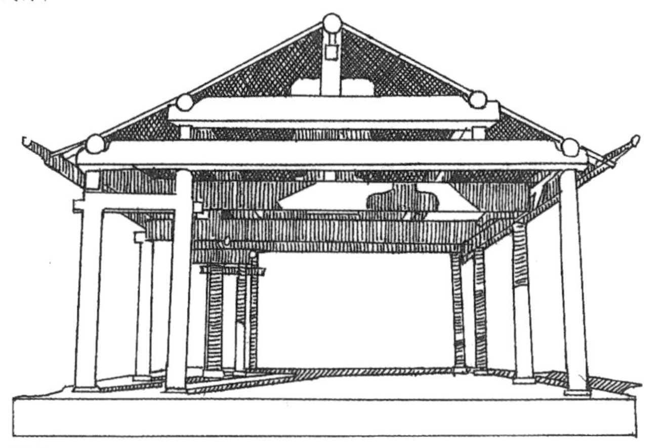

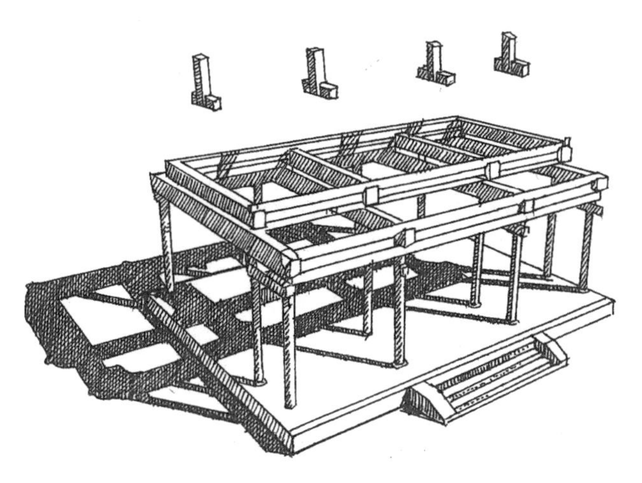

7-2-1

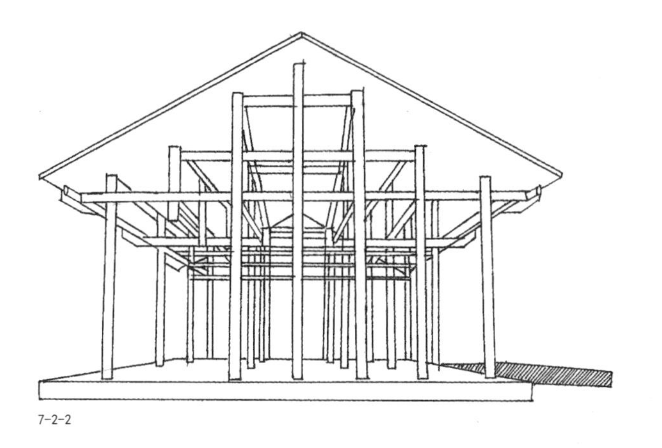

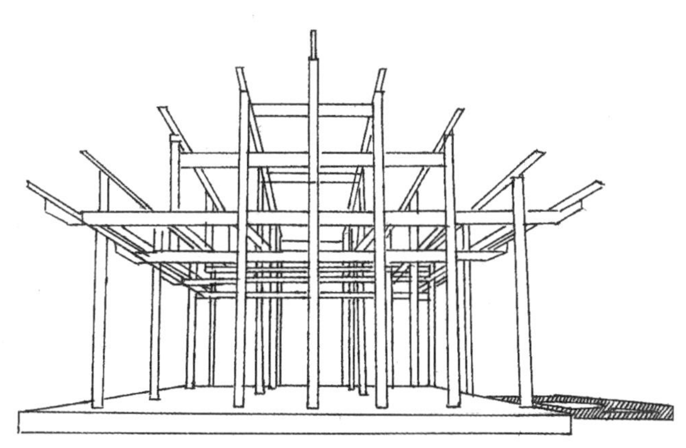

7-2-2

传统木结构榫卯的主要形式

榫卯结构是传统木结构建筑与家具的精髓与灵魂，通过对其凹凸部位进行拼接，达到代替钉子加固物件的效果。榫卯的优点在于其各部件均可拆分，便于修理更换，体现出榫卯接合的可逆性。其缺点在于完整的结合需要有部分木构件的牺牲，才能彼此咬合。而榫卯接合的特点是要求构件的结合部位的断面要小于其他部分的实际尺寸，剔除方式既要有足够搭接长度又要保证接合的强度，由此衍生出榫卯等木构件的特殊做法。

按照功能和形态将传统榫卯结构分为如下的几个类型：

（1）直榫，从形态上说，直榫的特点是榫头宽度和厚度断面作矩形或梯形。

（2）燕尾榫，战国时就有多种燕尾榫出现，其特征主要是榫头的宽度断面呈矩形，厚度断面呈梯形。形态似燕子的尾巴，故名燕尾榫。

（3）十字榫适用于水平构件的“十”字形角接，主要起拉结作用。十字榫能使叠交后的构件完全或部分地保持原来的厚度，形成平整的上表面。

（三）竹木材料在营建中的应用

在传统建筑材料中，竹材的使用历史悠久，可追溯到很久以前。竹材是房屋建造中最为古老和原始的材料之一，在过去没有精准仪器以及精细加工工艺的情况下，竹材凭借其易加工、方便取材、价格低廉等特点被大家所使用，而材料本身又具有持久性和安全性。因此，我国古代很多房屋都会采用竹材来进行建造。

竹材在民居营建中的应用

竹材料在几千年前就被大量应用于民居建筑中，传统竹民居的类型有傣族竹楼——干栏式民居、吊脚楼——渝西民居、竹篾房——独龙族怒族民居和鸡罩笼——佤族民居等。

【傣族竹楼——干栏式民居】

分布：主要分布于我国云南的西双版纳和德宏州等地。

成因：受湿热环境影响，以及圈养家畜所需，西双版纳和德宏州等地居民将建筑建成上下两层，不仅可以隔离潮气，还可以提供更多生活空间。

建造：傣族竹楼是干栏式建筑的代表，建筑以竹子为主要材料，分为上下两层，四周建有高脚栏杆起保护作用。楼上作为居民的居住空间，楼下则用于储藏杂物或寄养家禽等。傣族竹楼的制作，首先用较粗的竹子作为支撑房屋的骨架，其次使用竹编篾子制作墙体，用竹篾或用木板作为楼板，最后将屋顶部分以铺草的形式进行最后的完结，一般傣族竹楼的主柱有24条。

代表建筑：西双版纳地区竹楼（图7-3-1、图7-3-2）。

图7-3-1

傣族竹楼民居

7-3-1

图7-3-2

傣族竹楼制作过程

第一步：确定场地

建楼前依据竹楼大小划出所需区域，并将其修理平整用细竹确定框架;划出区域，框架内以1.5m柱距、3m列距，挖出5～6排，8～10列的柱洞。

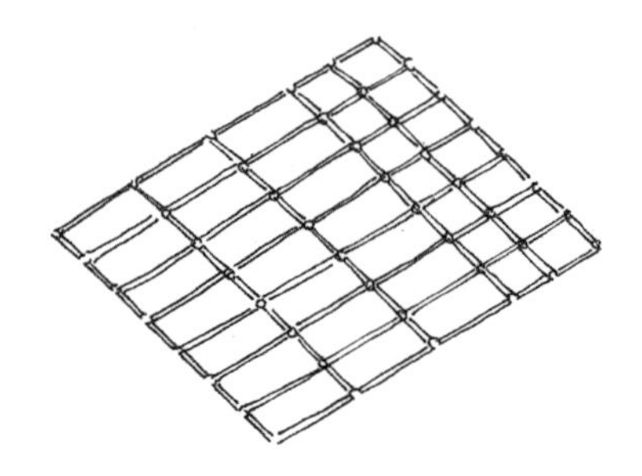

第二步：挖出柱洞

柱洞底部放入石质柱础，防止白蚁咬食，木柱插入柱洞做架空层，高1.8～2.5m，其中支撑屋顶的主柱较长，5～7m。

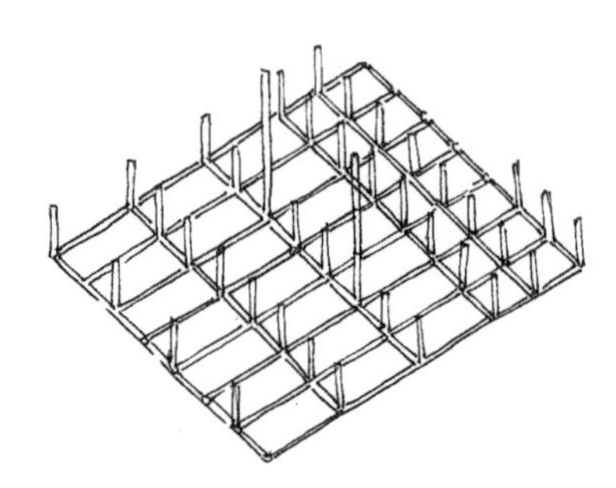

第三步：柱上架梁

柱上以“穿斗”的形式架梁，梁上铺竹板，形成二层生活空间。

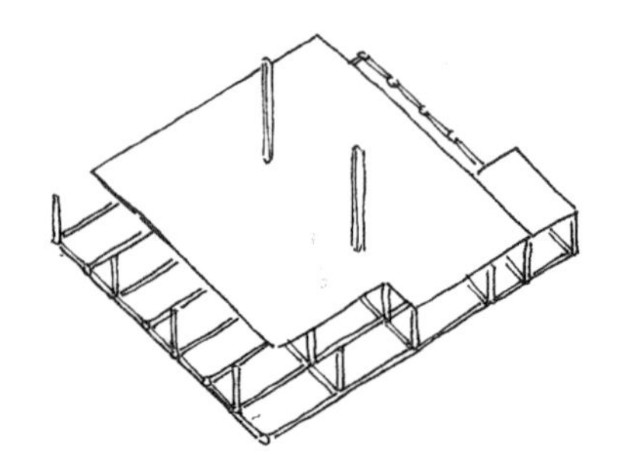

第四步：确定墙面

二层四周用墙围护，墙体向外倾斜，以榫卯连接屋檐与梁，即可支撑屋檐，稳定结构，又增加屋内空间。

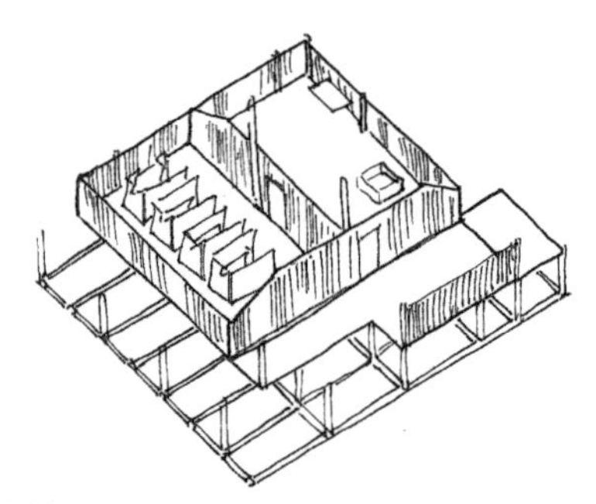

第五步：顶部斜梁式架构

竹楼屋顶大都采用斜梁式结构，上部三角屋架为顶。下部由四块斜屋面相联而成，屋檐出挑约0.8m，由斜墙支撑，下方设置重檐。

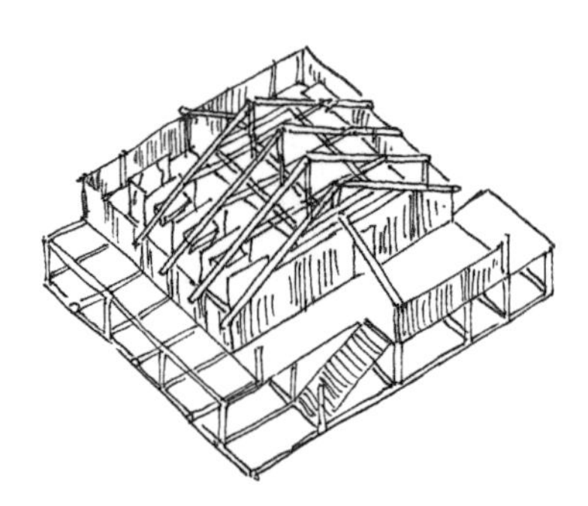

第六步：架设屋顶

早期傣族人用藤蔓捆绑的方式，建造竹楼，稳定性较差，经常需要修补。随着汉文化传入，“穿斗”“榫卯”得到应用，竹楼的稳定性远胜当初。

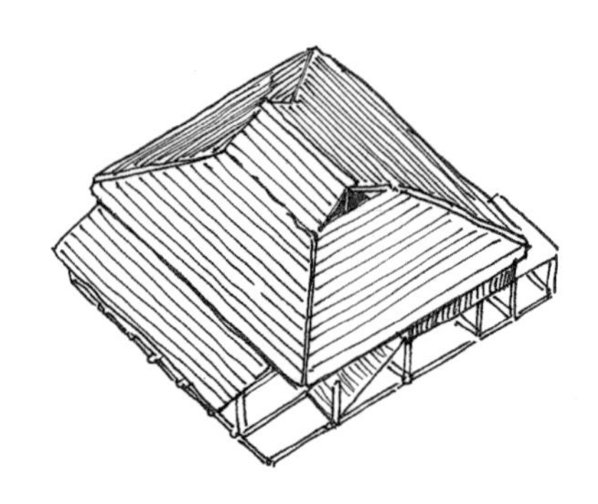

7-3-2

【吊脚楼——渝西民居】

分布：渝西吊脚楼民居多分布于重庆的江津、潼南、合川等地。

成因：渝西吊脚楼受古代巴国干栏式建筑的影响，与渝西气候条件、地势地貌相结合，是独特的干栏式建筑。

建造：渝西吊脚楼以竹木为建筑材料，墙体材料多采用竹笆夹泥（中间用竹材作为支撑，外侧用泥巴糊墙），屋顶多使用小青瓦，材料的选择使得建筑质量较轻，减少吊脚所承受的压力。渝西吊脚楼多依山而建，长长的“吊脚”是其主要特征。吊脚一端位于陡峭的坡地上，一端支撑楼房底层，以此向上堆叠，约有三四层之高，像长在悬崖上的建筑一般。因山地可供建筑使用的平面较少，多为缓坡等地形，因此建筑则无法遵循传统的建筑形式，而是跟随地形的起伏，随坡就坎，随曲就折，根据实际情况对空间进行布局。由于此种情况，便衍生出“吊脚楼”这一形式。

代表建筑：中山古镇吊脚楼群（图7-3-3）。

图7-3-3

渝西吊脚楼民居 建筑局部

7-3-3

【竹篾房——独龙族怒族民居】

分布：主要分布于怒江大峡谷的下段，例如匹河乡的老姆登、知子罗与怒江州州府六库周边一带。

成因：居住在怒江峡谷南部的怒族，因其生活环境气温较高，环境潮湿，盛产竹材，但虫蛇较多，故其民居形式为竹篾干栏式建筑，用以防潮、防虫又通风良好。

建造：这种民居的建造用材较为纤细，经常将竹材与木材混合使用。制作过程是先用几十根木桩直接插在地上，上面再铺木楼板。其双坡屋面，采用长条木板前后搭接并捆绑，并用石块压顶进行固定。民居墙体由竹篾手工编织围合后用木条固定，地板采用单层5cm木板，底层立柱采用石柱、木柱或圆柱。墙体与屋架交接处以及山墙，均不围合，仅用结构杆件支撑，有利通风。

代表建筑：福贡县木古甲乡汪四念寨局宅、福贡县木古甲乡汪四念寨开宅（图7-3-4）。

图7-3-4
竹篾房民居建筑

7-3-4

【鸡罩笼——佤族民居】

图7-3-5

鸡罩笼

分布：主要分布于云南西南边境澜沧江和萨尔温江之间怒江南段的“阿佤山区”。

成因：所处阿佤山区山岭连绵，平坝很少，属亚热带气候，终年无霜，土地肥沃，竹木茂盛，原始森林遍布，为佤族“鸡罩笼”民居提供了方便的建造材料。

建造：佤族“鸡罩笼”进深较大，进深5m的是“四大柱”式，山墙上有四柱，中间跨两柱；进深6～8m的是“八大柱”式，山墙、中间跨均为四柱木构支撑屋顶。屋顶构架为木檩、竹椽、上铺草排。其两端扇形部分，檩条由竹子组合而成。博风板、插销、屋顶压条、屋脊牙等主要作用是压紧、加固草顶，但却起到了奇异的装饰效果。楼面一般为木梁、整竹或剖竹楼楞、竹楼板。支撑柱利用木叉。

代表建筑：澜沧县雪林乡“鸡罩笼”民居（图7-3-5）。

7-3-5

木在营建中的应用

【应县木塔】

应县木塔，原名是宝宫禅寺释迦塔，建于辽清宁二年（1056年）。木塔通高67.31m，底层直径30.27m，是我国现存唯一的纯木结构大塔，也是古塔中直径最大的佛塔。

应县木塔层级为“外五内九”，即外观五层、六重檐；内部主空间共四层，但每层都有暗层，故为九层。木塔被建在4m重台之上，平面为八角形，全塔之梁柱、枋檩、椽飞、斗栱、门窗、天花地板、附阶回廊、平座栏杆都由红松木料营建。

应县木塔是我国古建筑中最高的木构建筑之一。现如今我国全木结构楼阁式古塔，仅存应县木塔这一座，其珍稀程度可想而知。时至今日，古塔的塔体已然微倾。应县木塔与意大利比萨斜塔、巴黎埃菲尔铁塔并称“世界三大奇塔”（图7-3-6）。

【独乐寺观音阁】

天津蓟县独乐寺观音阁建于辽统和二年（公元984年），占地16000m^2，建筑面积约6000m^2，总高23m，是现存中国古建筑中极为重要的杰作。

独乐寺观音阁是一座木结构阁楼，内侧为容纳一尊观音像而建造成中空式结构。该建筑样式上承唐风，下启宋制，兼唐之雄奇与宋之秀雅之风。整体建筑分为三部分，左右为僧房和皇帝行宫，中部是最重要的建筑，依次为山门、观音阁、韦陀亭和东西配殿。观音阁为独乐寺主殿，观音阁是我国现存最古老并且以阁为布局形式的木结构楼阁。观音阁的屋顶采用的是九级歇山顶，其中内部结构拥有三个暗层，外部为两叠飞檐，内外两周木柱，外檐18根，内檐10根。整体设计端庄大气，由于设计工艺之精巧，观音阁虽历经30多起地震依旧安然无恙。

这座特殊的建筑在20世纪30年代同时吸引了中、日两国学者注意并投入研究。古寺主体建筑历经千年而不毁，见证了我国建筑文明和佛教文化的传承创新（图7-3-7）。

图7-3-6

应县木塔

图7-3-7

独乐寺观音阁

7-3-6

7-3-7

八、竹木材料的当代应用与发展

（一）竹材料的当代应用与发展

在森林日益减少、木材极度匮乏的情况下，在建筑界有“植物钢筋”之称的竹子，受到越来越多建筑大师的青睐，例如我国知名设计师王澍，利用山水画的构图与意境，以及与竹材的结合使用，对中国美术学院的新校区进行设计。竹产业的发展应按照国家可持续发展的总体目标进行，以及“生态建设、生态安全和生态文明”的思想发展，创新竹产业发展的新道路，包含提高技术含量、增强经济效益、改善资源高消耗与高污染等，实现竹产业的可持续绿色发展。在有必要时，对未来竹资源进行综合利用，将开发和推广“以竹材代替部分木材”作为未来发展的新风向。

国外对竹材料的应用

竹编艺术正在向世界发展，由于竹子生长受气候的影响，作为竹子主要分布地的亚洲成为竹编的主要发展地。泰国、越南等国家在竹编应用上历史悠久。泰国竹制工艺品古朴精致，品种繁多，做工复杂，大多为家族式生产。泰国生产的竹篮、装饰手袋等竹制品，由于劳动价值低，原料充足，价格低廉、质量好，使得竹编制品在泰国十分受欢迎。印度东北部是世界上最潮湿的地区之一，最常用的器具是竹制品，家家户户都有竹篓、椅子等竹家具，甚至上百种民间乐器几乎全是竹子做的。竹编在上述国家的普及程度相对较高。与其他国家相比，日本竹编以其较高的艺术价值和高超的生产水平走在世界前列，它的竹编结合了传统美学和现代设计，是一种成熟的模式。

图8-1-1
竹制沙发效果图1
图8-1-2
竹制沙发细节图2

竹材的国际趋势与当代应用

竹编用品具有商品和艺术的双重属性，兼顾经济效益与文化精神。竹编工艺污染小，多数依靠人工生产，既不会对健康造成影响，又展示出工艺的价值。现代竹编在设计美学上不断进步，满足了消费者日益增长的精神需求，并提高了其市场竞争地位。

台湾YII的竹制家具

YII是台湾工艺美术研发中心推出的特殊品牌，旨在通过当代设计改造台湾传统工艺美术，并将新思想、新生活汇聚其中，给大众的日常生活带来具有设计感的工艺品。以此设计方向为品牌目标，YII品牌给设计师和工匠们共同思考共同合作的自由空间，基于本土生活，以台湾独特的生活方式，以本土特色美学原创作品，引领国际潮流新时尚。因竹编是台湾经典的传统手工艺品之一，YII竹艺师与设计师强强联合将其作为设计切入点，创造研发了更具有设计感且实用的竹编作品。图8-1-1中的泡泡沙发是由工匠苏素仁和设计师周雨润设计制作的竹制沙发与竹编板凳。

竹制沙发以最简单的竹球为基本元素，以竹篾条作为初始材料，采用模块化重复连接的方法构造沙发的形状和结构。造型简约，质量轻巧，结构清晰，通过不同的排列组合进行再创造，也是当今社会的一种潮流。由于造型简便、元素模块化、手工成本低，具有普遍适用性等特点，适用于夏天或地理位置位于热带的国家，并为其家具提供了一种设计新思路（图8-1-2）。

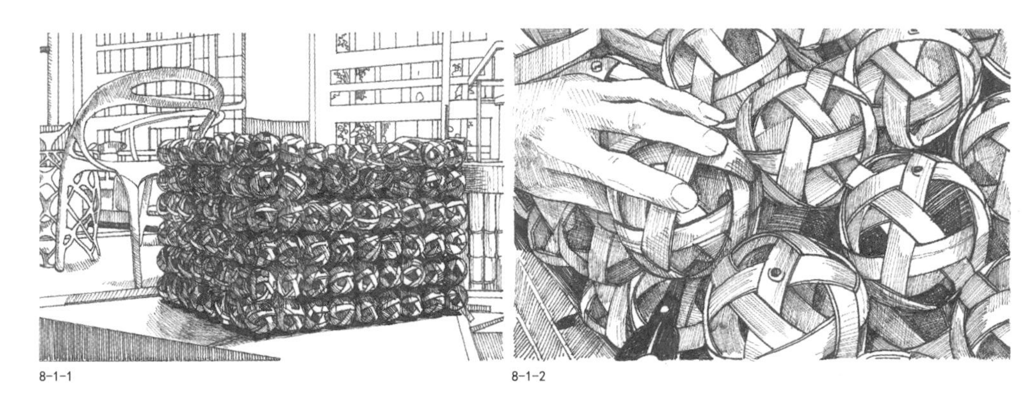

8-1-1　　8-1-2

竹编板凳，将竹编与原竹家具相结合，将竹子的环保贯彻始终，利用篾条的韧性与可塑性，参考传统的编织工艺，经过加工改良，保证凳面的受力平衡；再利用竹节之间的距离控制板凳的高度。将标准工艺与竹子的自然纹理相结合，探索新的结合形式，将传统工艺与自然元素进行碰撞，形成现当今独特的潮流思路（图8-1-3、图8-1-4）。

由设计师王俊隆与竹艺师联合制作的“作茧计划—蚕丝竹编沙发”，巧妙应用农村养蚕智慧，结合自然生态与人文艺术，将椅子引领至永续发展的美学层次（图8-1-5）。

8-1-3

8-1-4

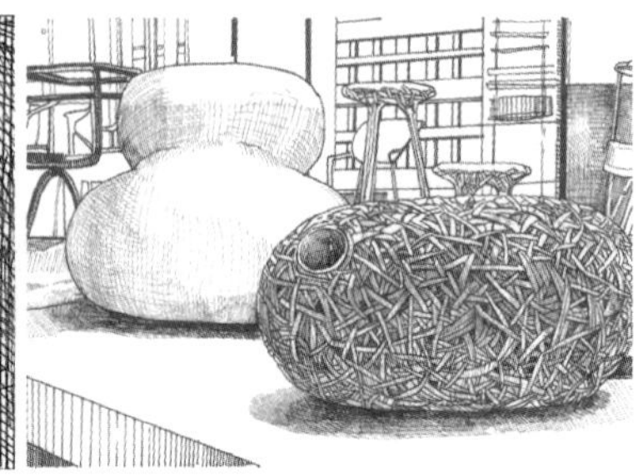
8-1-5

图8-1-3
竹编板凳效果图1
图8-1-4
竹编板凳立面图2
图8-1-5
“作茧计划—蚕丝竹编沙发”

建筑应用案例

Sharma Springs

项目时间：2006年8月

设计团队：IBUKU建筑公司

地址：印度尼西亚，巴厘岛

位于半山腰的竹屋 Sharma Springs，是一个750m^{2}全竹结构的6层建筑，根据地块的线条设计建造而成，如同生长在丛林中的建筑。此建筑入口以一个戏剧性的竹制隧道桥作为起点，给人一种神秘的隧道感，让建筑不再只是水泥盒子的乏味，增加了更多的趣味性。

竹子是环保，理想的建筑材料，对比混凝土加钢筋的现代建筑，竹建筑不仅在抗压性能与抗拉强度上可以与之相媲美，竹子还是当地生长的植物，易于搬运与使用（图8-1-6～图8-1-13）。

图8-1-6

丛林度假别墅外部鸟瞰图

图8-1-7

丛林度假别墅细节图1

图8-1-8

丛林度假别墅细节图2

图8-1-9

丛林度假别墅细节图3

8-1-6

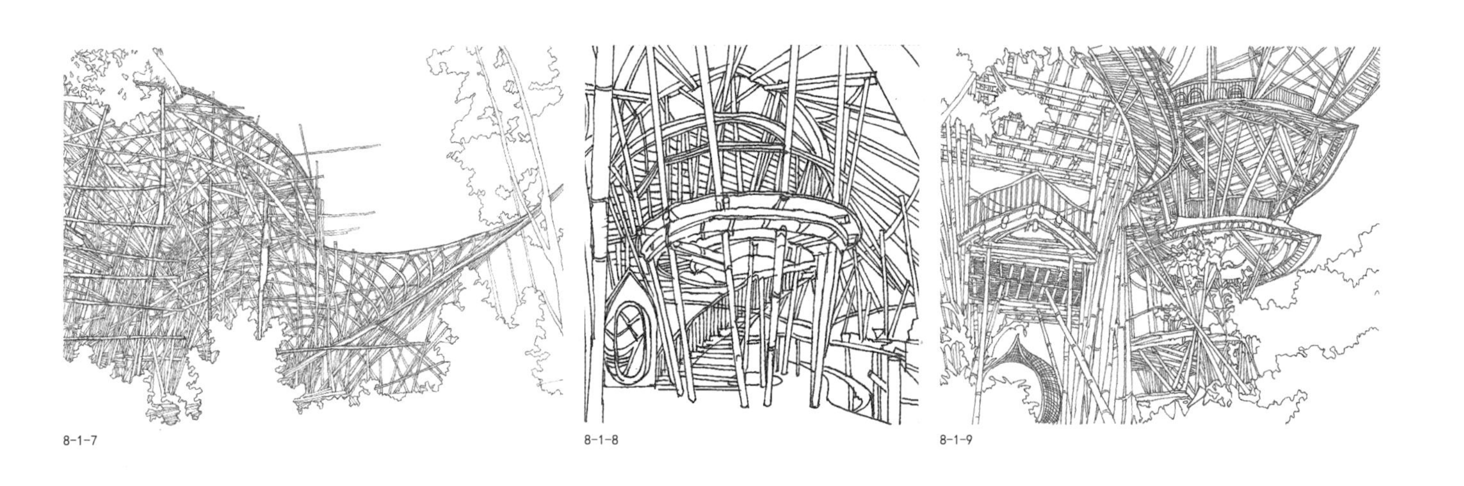

8-1-7

8-1-8

8-1-9

图8-1-10 丛林度假别墅局部图1

图8-1-11 丛林度假别墅局部图2

图8-1-12 丛林度假别墅室内空间

图8-1-13 丛林度假别墅住宅入口处隧道式桥梁

8-1-10

8-1-11

8-1-12

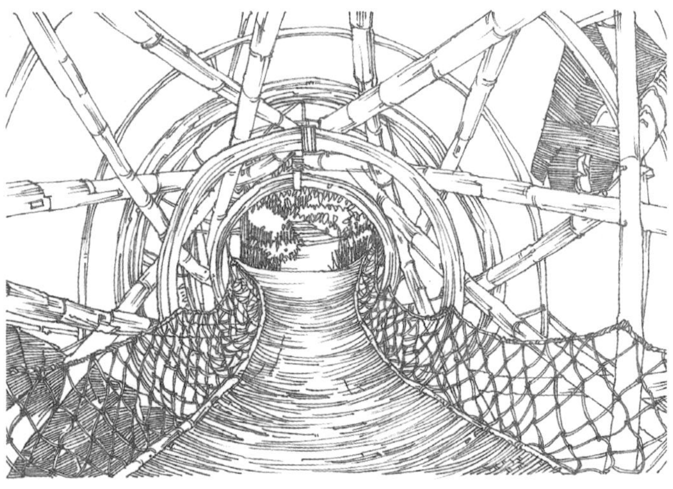

8-1-13

阳朔竹林亭台楼阁

项目时间：2018年5月～2020年7月

设计团队：llLab.｜叙向建筑设计

地址：中国桂林阳朔印象刘三姐园区

基于对桂林地区绿植环绕着大型山丘巨石的理解，与自然元素本身即成为建筑的概念设计。该项目将设计和规划的重点转移为利用当地自然植物，通过适当的手法与设计，对现有景观进行维护与更新，突出自然的生态美与设计的融合美。由于桂林的气候特征，该地区的竹子繁茂，部分地区形成了自然的竹林廊道。为了因地制宜的设计，设计团队考虑利用桂林当地的竹子作为主材料，通过结合现有已形成的空间形态，利用编织的手法重新生成空间，并且与自然更加融和。

在设计的过程中融入传统手工编织的形式，竹条之间的编织与穿插，既体现出竹材质的特性，也使整个构筑物更加融于自然，与山林之间合为一体。竹棚整体的形式与起伏变化在竹林中舞动，结构柱的体态与竹子生长形态相呼应，激发出游客特定的意识感知框架（图8-1-14～图8-1-21）。

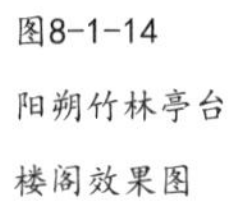

图8-1-14
阳朔竹林亭台
楼阁效果图

8-1-14

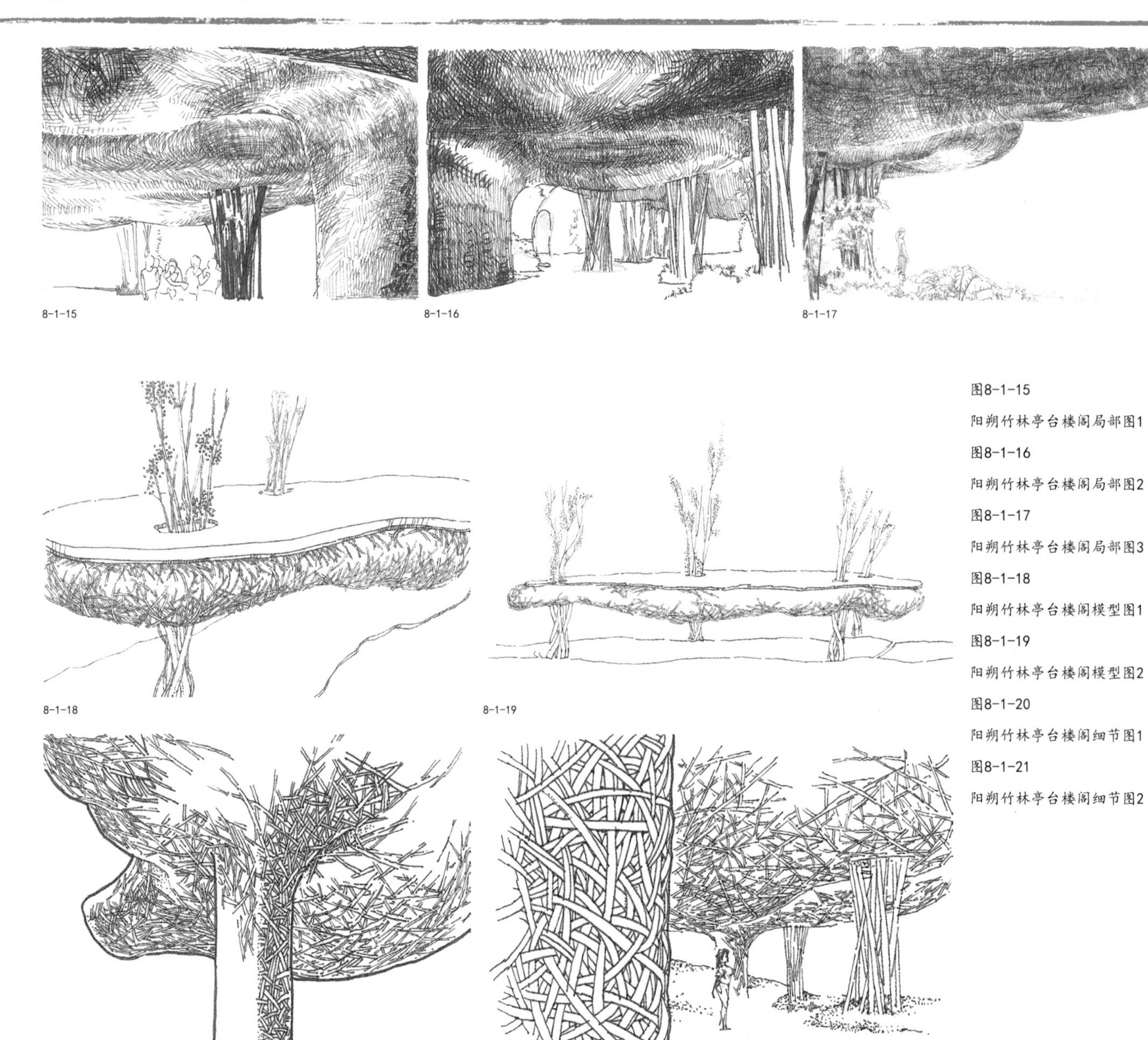

图8-1-15

阳朔竹林亭台楼阁局部图1

图8-1-16

阳朔竹林亭台楼阁局部图2

图8-1-17

阳朔竹林亭台楼阁局部图3

图8-1-18

阳朔竹林亭台楼阁模型图1

图8-1-19

阳朔竹林亭台楼阁模型图2

图8-1-20

阳朔竹林亭台楼阁细节图1

图8-1-21

阳朔竹林亭台楼阁细节图2

竹长屋餐厅

项目时间：2017年

设计团队：BambuBuild

地址：越南

竹长屋餐厅位于越南中部的一条河边，属于开放形式的建筑，屋顶灵感来源于——船。并且因地制宜地使用竹子与蕨类植物作为建筑原材料，开放式的建筑形式为材料提供了良好的通风条件，以保证建筑的质量；可见性结构便于对材料进行检查与修复。建筑结构以竹编为主要结构，衔接处由竹编螺栓与涤纶绳作为辅助材料对建筑进行固定。竹编织具有规律与重复的特点，可以表现出空间构成的层次与节奏感。采用原始材料建筑而成的餐厅，使人仿佛置身其中一般，与大自然进行联系（图8-1-22～图8-1-27）。

图8-1-22

竹长屋餐厅效果图

8-1-22

图8-1-23
竹长屋餐厅平面图
图8-1-24
竹长屋餐厅细节图1
图8-1-25
竹长屋餐厅细节图2

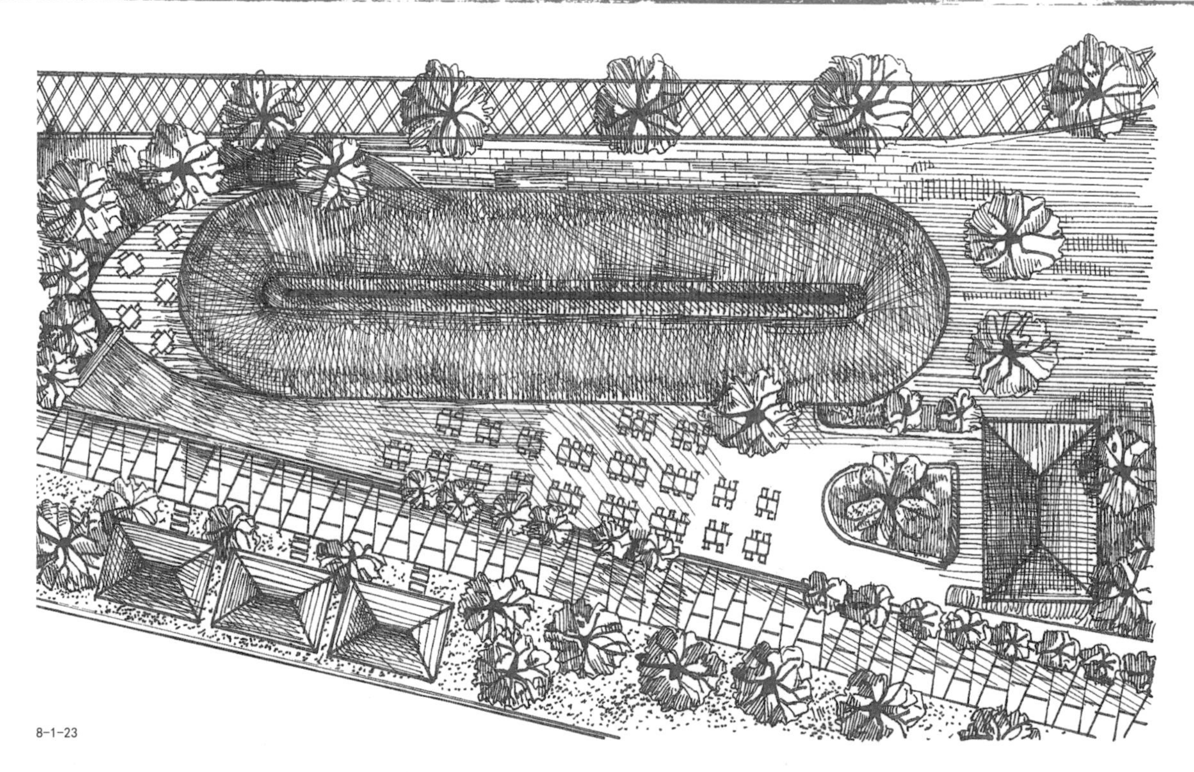
8-1-23

8-1-24

8-1-25

图8-1-26

竹长屋餐厅室内空间1

图8-1-27

竹长屋餐厅室内空间2

8-1-26

8-1-27

长城脚下的公社之竹屋

项目时间：2018年5月～2020年7月

设计团队：隈研吾

地址：北京市延庆区八达岭高速水关长城出口北京G6京藏高速公路53号

长城脚下的公社位于距长城8km的一处山谷中，竹屋是其中之一。其最为特色的空间为“茶室”，四周被竹林环绕，仍隐约可见长城的烽火台。

该项目的设计初衷是基于万里长城的“建筑方法”——建筑与用地结合，表达出长城的物质形态与文化内涵。设计师认为：“长城是在保留了复杂倾斜的基础上建造起来的延绵不断的连续体”，长城的形象是与环境相融合的，是环境中的一部分。设计选择以环境为主、建筑为辅，并将建筑“粗矿化”以融合环境。房屋的选材也体现出设计的主题，自然而不造作，用竹林作为与外界融合的过渡，也象征性地表现出长城“墙”与中国人文精神的高风亮节与坚韧不拔（图8-1-28～图8-1-32）。

8-1-28

图8-1-28

长城脚下的公社之竹屋效果图1

图8-1-29

长城脚下的公社之竹屋效果图2

图8-1-30

长城脚下的公社之竹屋室内空间1

图8-1-31

长城脚下的公社之竹屋室内空间2

图8-1-32

长城脚下的公社之竹屋局部图

8-1-29

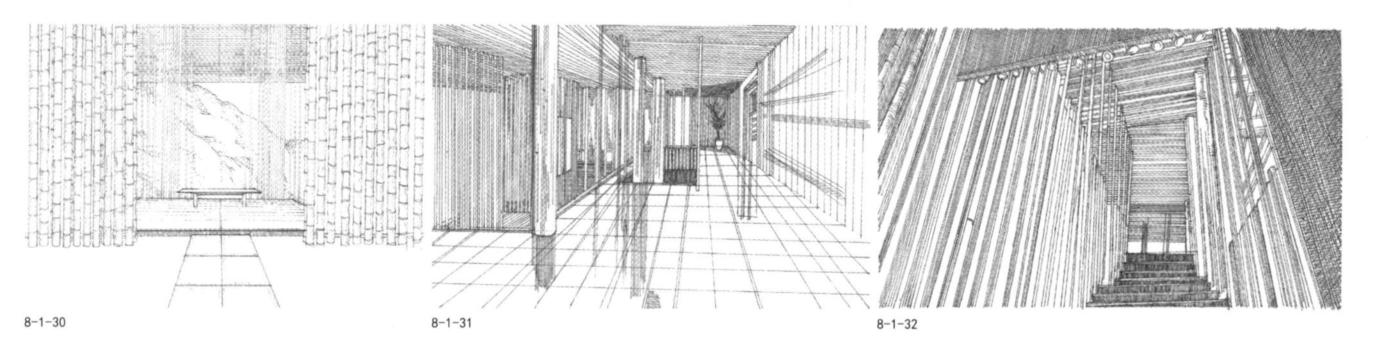

8-1-30

8-1-31

8-1-32

室内空间应用案例

杭州唐宫海鲜舫

项目时间：2009年5月～2010年7月

设计团队：非常建筑

地址：杭州富春路701号华润中心万象城L6层L688号

唐宫海鲜舫位于杭州市新城区大型商场的顶层，空间内部以复合竹板为主要材料进行编织，顶棚与墙面由竹编形式设计而成，在优化空间与视觉提升的前提下，利用镂空竹编形式保留高度，亦使得上下层有了微妙的互动关系。空间墙体隔断部分利用半透明的弧面状竹节进行改造，减少实墙对空间视觉的阻挡。其灯箱也由竹材制作而成，目的是使空间体量变得更加轻巧，活化空间。所有设计都是对原有空间的重塑，不同质地的竹材构筑了大厅里戏剧般的场景，显示出历史与未来交融的设计主题（图8-1-33～图8-1-37）。

8-1-33

图8-1-33
杭州唐宫海鲜舫效果图

图8-1-34

杭州唐宫海鲜舫局部图1

图8-1-35

杭州唐宫海鲜舫局部图2

图8-1-36

杭州唐宫海鲜舫细节图1

图8-1-37

杭州唐宫海鲜舫细节图2

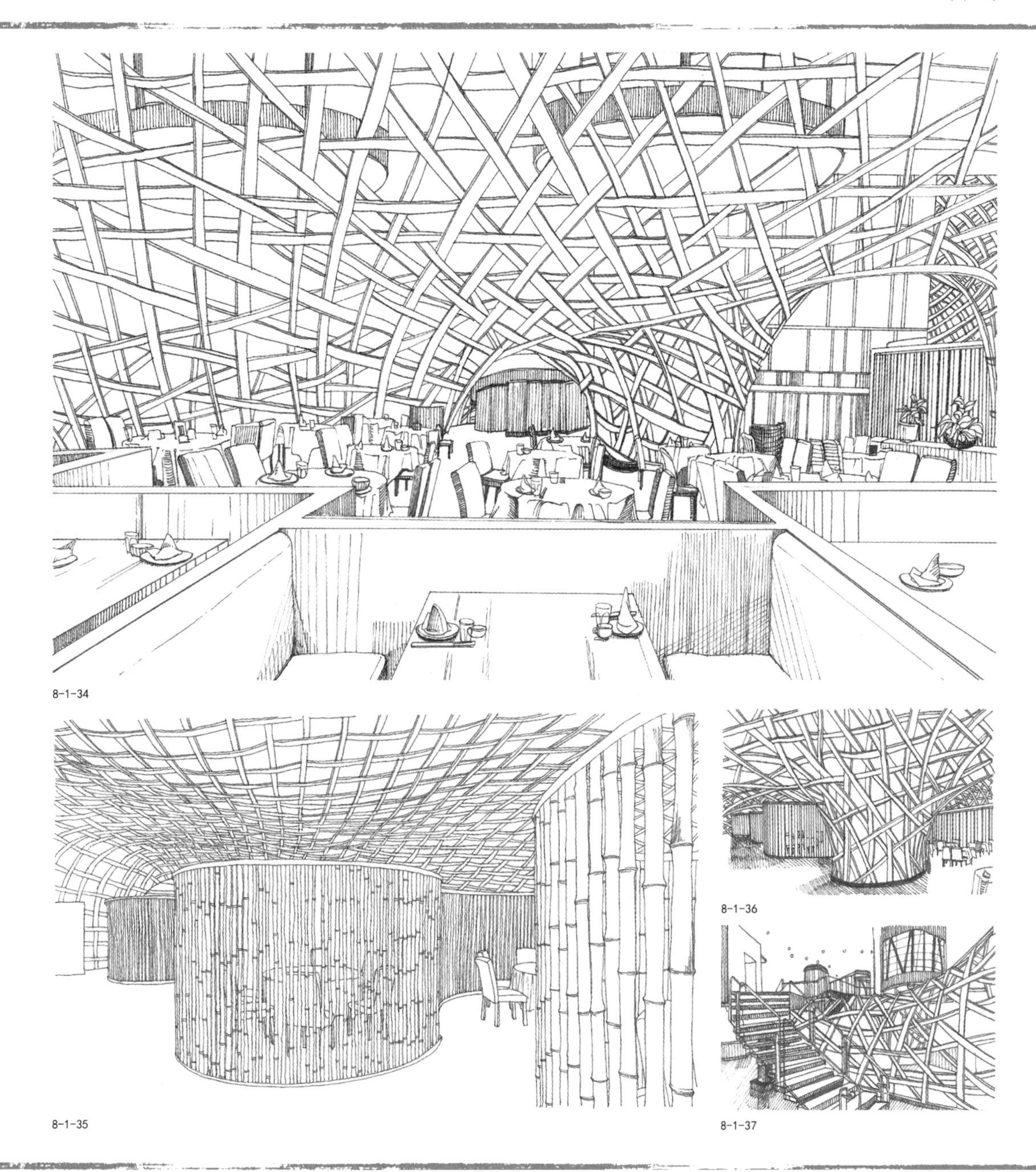

8-1-34

8-1-35

8-1-36

8-1-37

构筑物应用案例

台中竹迹馆

项目时间：2018年

设计团队：坐设计事务所（陈羿冲、Alvaro Miñé Caloto、庄紫右、翁任均）

地址：台湾省台中市丰原区丰州路2号

竹迹馆是2019年台中花博会展馆之一，其外形提取自台湾中央山脉与海岛的特色元素，并将其抽象意化，像是一枚从地表长出且被水包围的种子。整体运用竹子的韧性和结构性，结合自然特性，构成具有张力的空间，体现建筑美学及材质美感。竹迹馆的设计将建筑结构与竹编技艺结合在一起，运用多种建造工艺，营造一个连接过去与未来的空间，使人置身其中能够获得自然体验感以及平衡感，利用材料的特性，强调人与自然协调共生，同时也显示出台中对于未来建筑的构想（图8-1-38～图8-1-44）。

8-1-38

图8-1-38

台中竹迹馆效果图

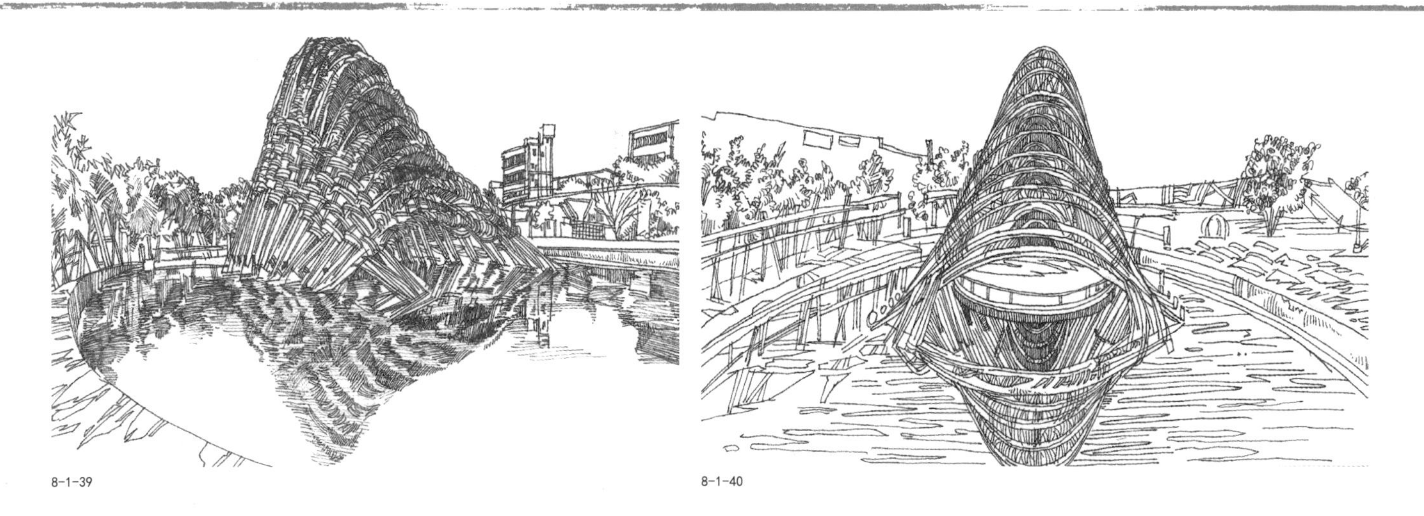

8-1-39

8-1-40

图8-1-39

台中竹迹馆透视图1

图8-1-40

台中竹迹馆透视图2

图8-1-41

台中竹迹馆局部图

图8-1-42

台中竹迹馆细节图1

图8-1-43

台中竹迹馆细节图2

图8-1-44

台中竹迹馆细节图3

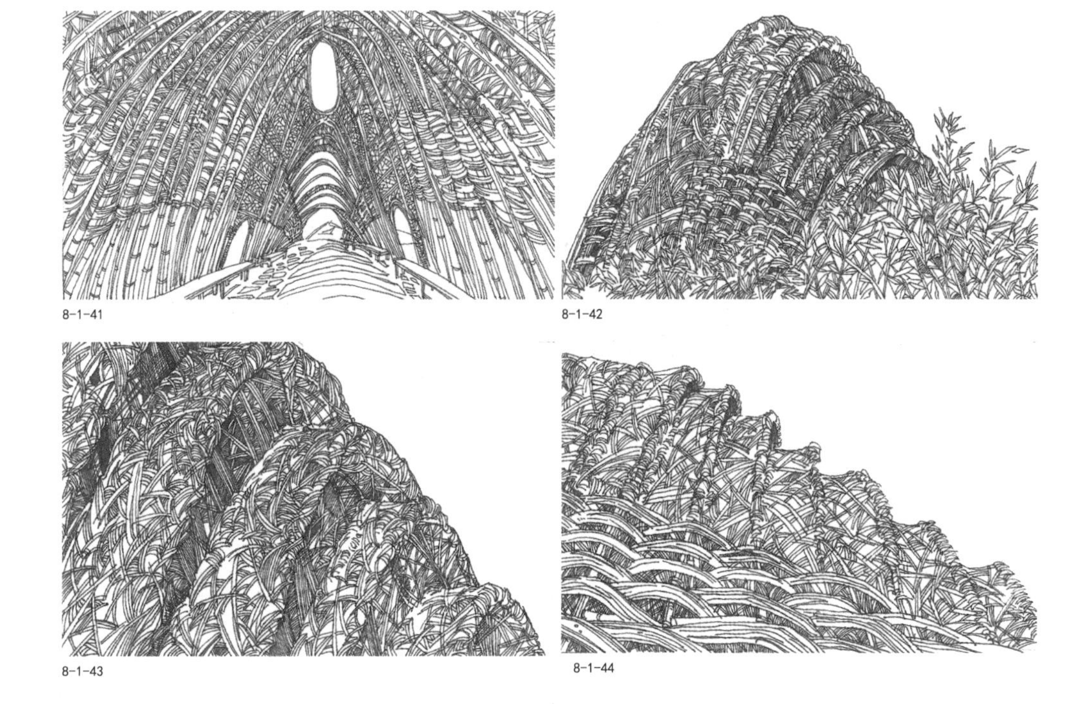

8-1-41

8-1-42

8-1-43

8-1-44

图卢姆寺庙（LUUM temlie）

项目时间：2019年

设计团队：CO-LAB Design Office

地址：墨西哥 图卢姆

图卢姆寺庙位于墨西哥图卢姆原始丛林保护区的中心地带，建筑为竹子制成的五面悬链结构形式，整体呈开放式结构。寺庙的拱形拱顶相互支持，在结构上相互依存。竹弓形梁由现场弯曲竹子的扁平部分组装而成，在地上冷却成型，然后拧紧并捆扎在一起，作为一个母题元素共同工作。拱起后，它们就会以结构上的三角形图案编织在一起，然后再由两层紧密编织的竹格子连续绑在一起，并以相反的方向交织在一起，以保持结构的稳定性。建筑外部，运用了该地区典型的局部茅草屋顶层，可保护结构免受雨水侵袭，并使结构在潮湿的热带气候中呼吸。项目使用的竹子在邻近的恰帕斯州地区可持续种植，墙壁也由当地天然竹子制成。图卢姆寺庙将创新设计、手工建筑和有机可持续材料相结合，建筑与场地巧妙融为一体，为社区创造出独特的、标志性的空间环境，同时对部分手工工艺技术和生活方式的复兴产生了积极影响。通过设计创造连接到自然是当地可持续发展的代表建筑（图8-1-45～图8-1-51）。

8-1-45

图8-1-45 LUUM temple效果图1

图8-1-46 LUUM temple局部图

图8-1-47 LUUM temple细节图1

图8-1-48 LUUM temple细节图2

图8-1-49 LUUM temple细节图3

图8-1-50 LUUM temple效果图2

图8-1-51 LUUM temple顶视图

8-1-46 8-1-47 8-1-48 8-1-49

8-1-50 8-1-51

威尼斯竹钟乳石展亭

项目时间：2018年

设计团队：武重义建筑事务所

地址：意大利 威尼斯

威尼斯竹钟乳石展亭整体将竹子作为建筑材料，运用竹子可塑性较强、抗拉强度与抗压强度较强的特性，构建一个自由、开放的公共共享空间。以模块化形式组合而成的展厅，其构成形式为双曲壳结构，共由11个模块构成。利用本土竹材料以及模块化的灵活性，结构搭建的可参考性能够实际应用于当地多种人群聚集区域，集社交、休闲、娱乐于一体，营造出人与自然互动的空间，体现空间的无差别感。竹材获得的便捷性以及其结构简洁、成本低廉、便于维护的特点，可根据居民需要进行改变（图8-1-52～图8-1-58）。

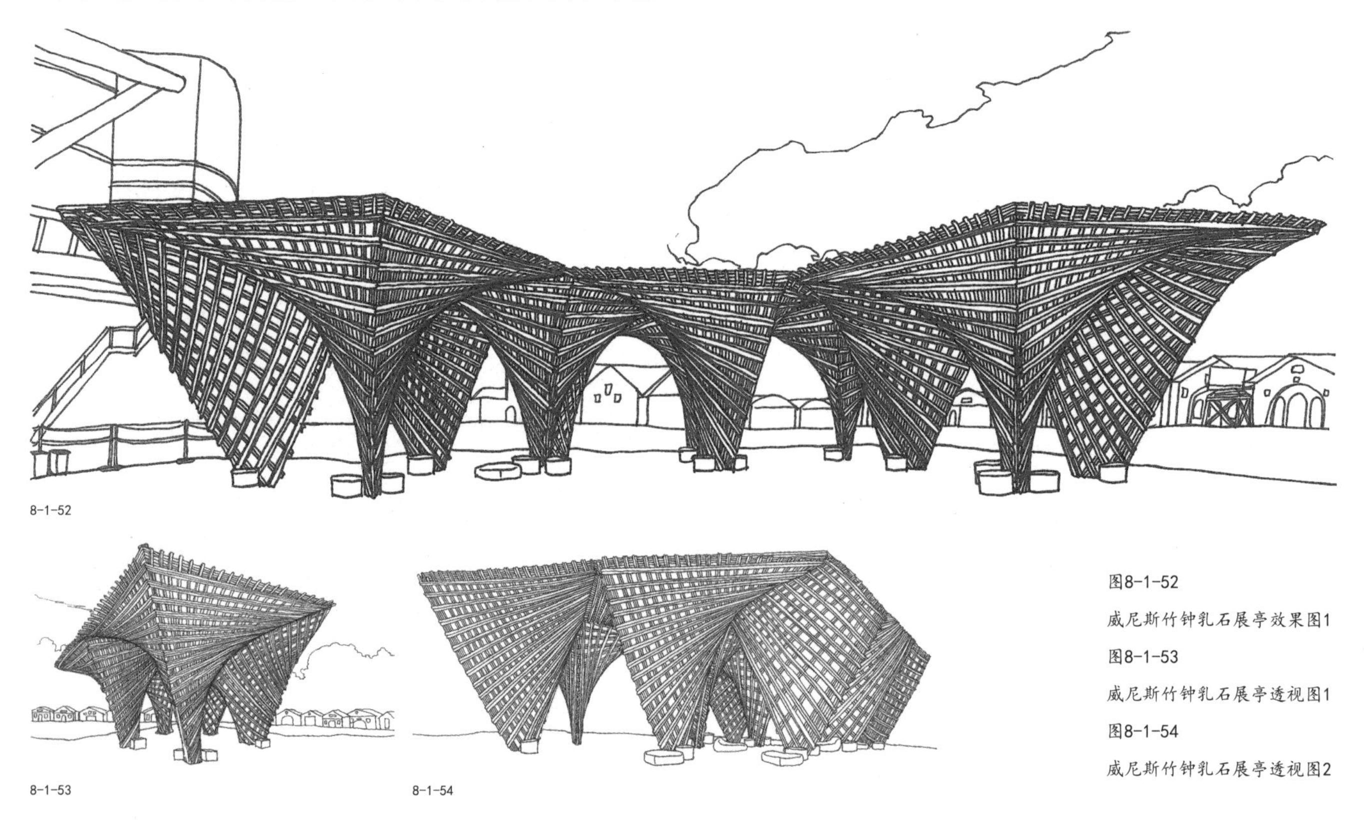

图8-1-52
威尼斯竹钟乳石展亭效果图1
图8-1-53
威尼斯竹钟乳石展亭透视图1
图8-1-54
威尼斯竹钟乳石展亭透视图2

图8-1-55 威尼斯竹钟乳石展亭透视图3

图8-1-56 威尼斯竹钟乳石展亭细节图1

图8-1-57 威尼斯竹钟乳石展亭细节图2

图8-1-58 威尼斯竹钟乳石展亭效果图2

8-1-55

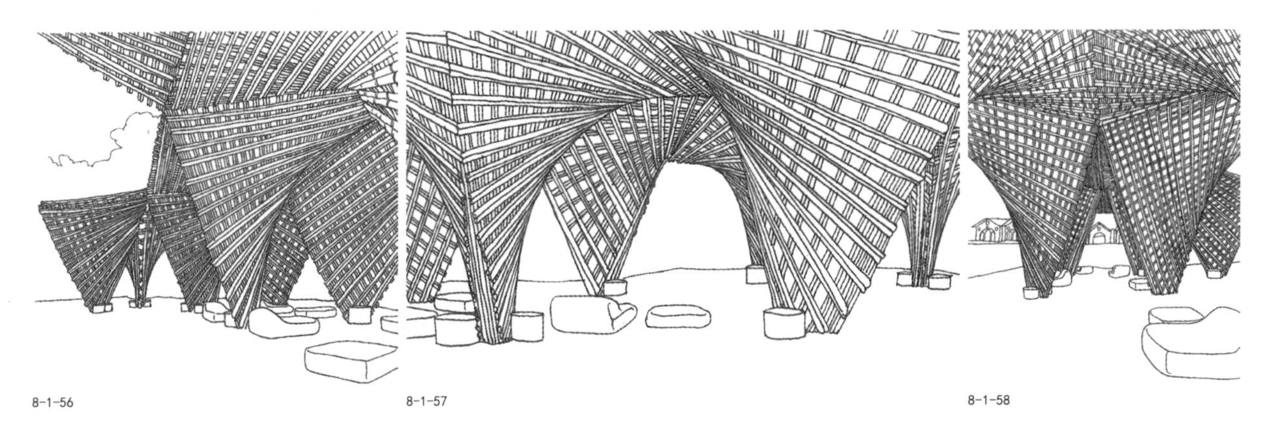

8-1-56　8-1-57　8-1-58

（二）竹编制跨界实践研究

为培养专业创新人才，延续并传承传统材料在现当代的应用，西安美术学院开设了《传统竹编与空间设计实践研究》课程。通过承载文化的建筑材料特性，旨在透过社会生活文化更迭，解密“竹”制的空间艺术属性层级，利用传统竹编平面的编织技艺手法转换立体微空间探求等作为研究实验的关键点，汲取传统编织工艺的技艺，以竹的属性结合空间设计的方法和掌握空间理念设计方法，将创作本体问题设置为研究对象，聚焦实践创作过程的逻辑推理与材料。体验、构思、表达等多维分析探索，培养研究人员创新创意的综合设计能力，最终完成艺术空间方案设计与竹材料的设计应用。

跨界实践研究内容涵盖专业设计创作实践模块的认知、分析、推演等步骤，以此激发研究人员对空间的认知能力，结合视觉图像逻辑思维导图，启发导引式创作研究形式。通过“材料与认知·场域与语境·体感与触觉·偶然与相遇”四个板块，诠释视、知、听、触、嗅五感原理研究方法，运用材料与设计原理的践行，强调观察与构思、实践与体悟的个体感受，从而融会贯通设计主题的表达。

课程主要分为三个板块：基础编织方法的探析、竹编材料的空间设计和竹材料的空间搭建，将传统竹编非遗技艺引进课堂，目的在于学习掌握传统工艺，从平面编织到三维立体空间的转换，竹编立体微空间探求成为该项目研究实验的关键点。结合空间设计的方法和掌握的空间理念，最终完成艺术空间实体搭建设计。

本研究以传统平面编织为生发点，延展竹材料自身的特性，与设计语言相交汇，一方面是竹材空间形态的生成，另一方面是运用竹材料装饰界面的直观设计应用，活化材料本身的多层级提升效用。编制的空间形态作为“场域”的观念更甚于以编织为单体的对象，即形体作为美学对象转向空间形态的社会空间关系，从“因”到“果”是基于竹的材料属性嫁接文化传统基础的生成，不以独立单体为研究对象。场域的特点打开了体验和行动的多样性之门（图8-2-1～图8-2-11）。

图8-2-1

竹编制跨界实践研究线下展览1

图8-2-2

竹编制跨界实践研究线下展览2

图8-2-3

竹编制跨界实践研究线下展览3

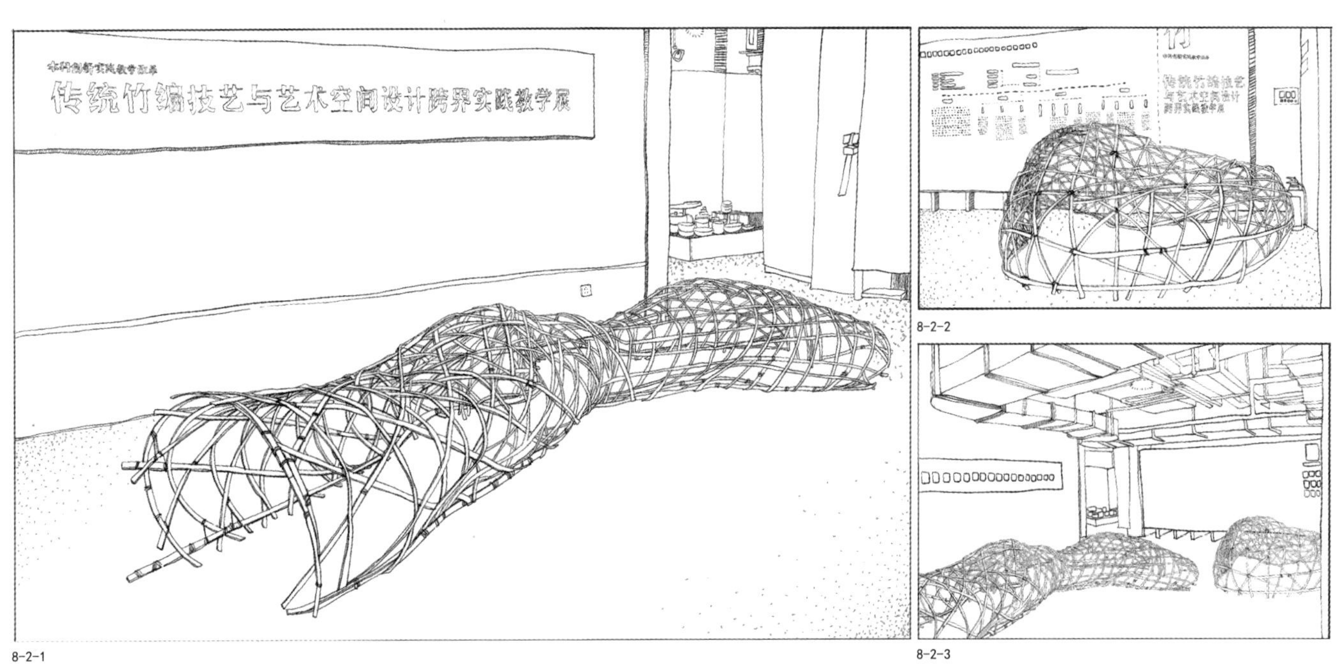

8-2-1

8-2-2

8-2-3

图8-2-4

竹编制跨界实践研究课程图

图8-2-5

竹编制跨界实践研究课程全体合照

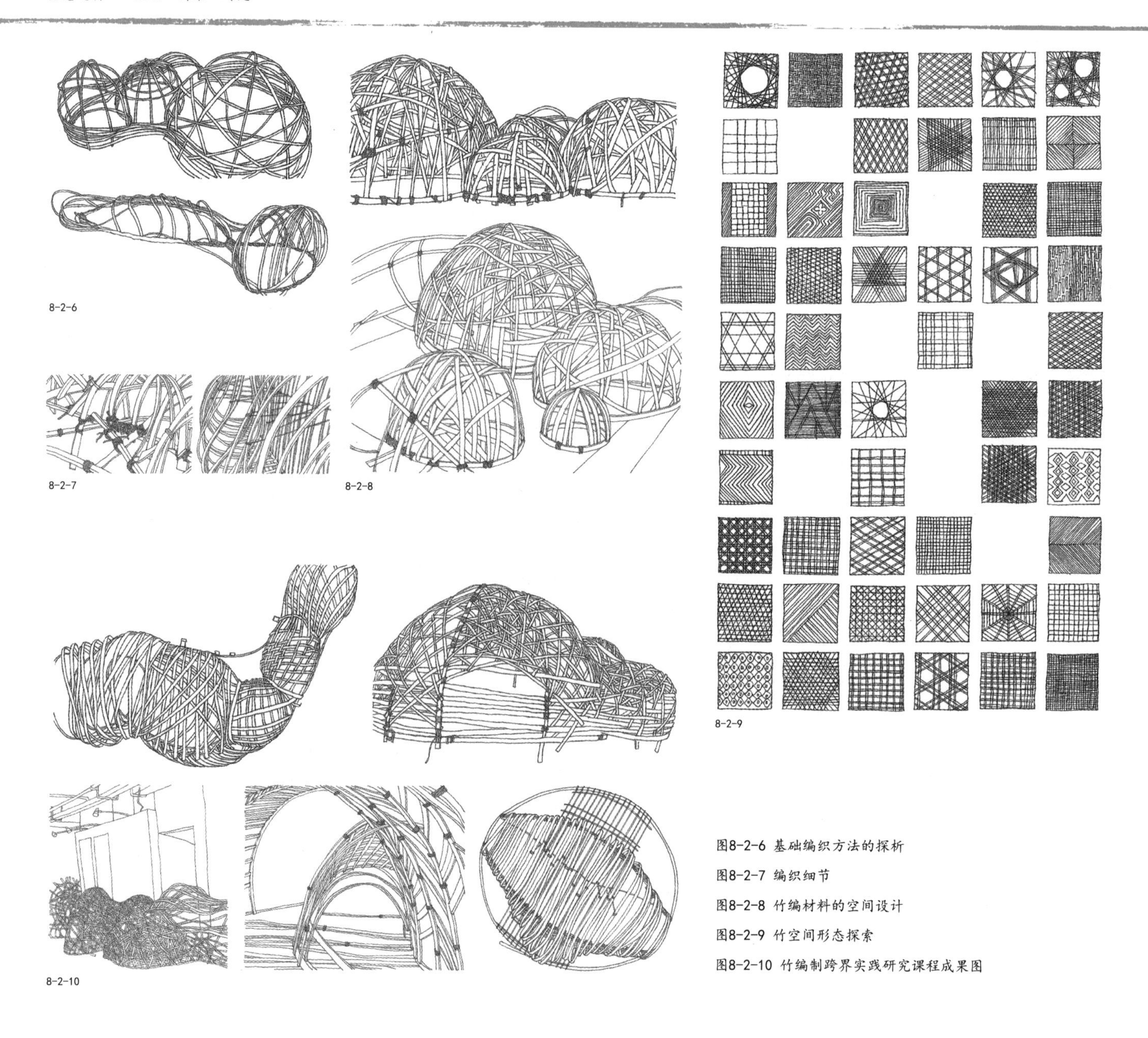

图8-2-6 基础编织方法的探析

图8-2-7 编织细节

图8-2-8 竹编材料的空间设计

图8-2-9 竹空间形态探索

图8-2-10 竹编制跨界实践研究课程成果图

图8-2-11

学生作品案例

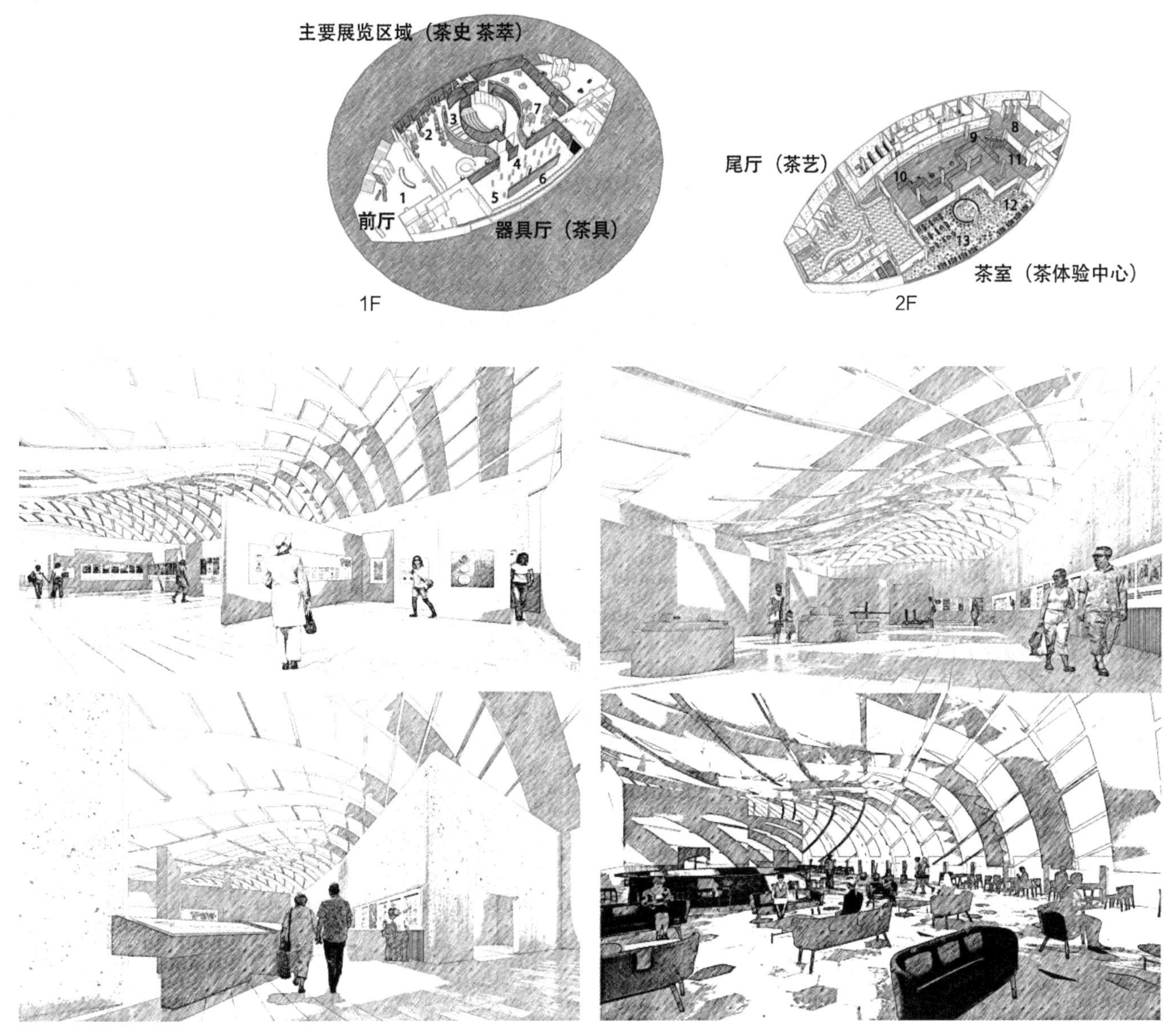

砖瓦 篇

九、砖瓦发展的特点

十、砖瓦的材料属性和艺术应用

十一、砖瓦的制作工艺和砌筑手法

十二、砖瓦的现代作品应用

九、砖瓦发展的特点

（一）砖瓦的出现

砖瓦是生土材料在物理学、化学方向的衍生。

瓦是西周时期建筑材料探索突飞猛进的阶段，使西周建筑从“茅茨土阶”的简陋状态得到进一步发展。据陕西岐山县凤雏村西周早期建筑遗址出土的少量屋顶瓦，以及陕西扶风召陈村、河南洛阳王湾、北京琉璃河董家林等地出土的大量西周中晚期瓦推测，瓦在西周早期就已被发明并少量用于宫殿建筑房顶局部，大面积的使用则至西周晚期。春秋时期，瓦作为重要的建筑构件材料被普遍使用。从山西侯马晋故都、河南洛阳东周故城、陕西凤翔秦雍城、湖北江陵楚郢都等遗址中，发现了大量板瓦、筒瓦以及部分半瓦当和全瓦当。

砖最早出现于春秋战国时期，凤翔秦雍城遗址是目前发现最早的用砖实例，出土有36cm × 14cm × 6cm的青砖以及表面有纹饰的空心青砖；从战国时期的建筑遗址中，发现样式、品种繁多的条砖、方砖和栏杆砖，主要用于铺地和砌壁面。

（二）砖瓦的初步发展

砖瓦大量使用开始于秦朝。秦统一后，兴都城、修驰道、建宫殿、筑陵墓，烧制应用了大量的砖，其中，秦阿房宫以及秦始皇陵以装饰性纹理青砖铺地，色泽青灰，制作规整，坚固耐用，青砖在模压成形之后，再用精细纹理的模具加印纹饰。

秦汉时期是瓦发展的兴盛阶段。半圆形瓦当向整圆形演化，至东汉时全部为圆形。瓦当图案丰富，其中文字瓦当（如汉长安地区建筑）有“长乐未央”“长生无极”等吉语瓦当，有“上林”“左弋”等宫殿、官署名称瓦当；纹样瓦当（如新莽时期宗庙表方位的四神瓦当）有东门青龙纹、西门白虎纹、南门朱雀纹、北门玄武纹瓦当（图9-2-1～图9-2-5）。瓦当的体量也非比寻常，辽宁省文物部门于1986年发掘的大型秦汉宫殿遗址中，发现52cm直径的瓦当，以小见大，可预见当时宫殿的宏伟。

当时在制砖技术和砖券结构方面获得空前发展，条砖制作容易，砌筑方便、应用灵活、承重性强，其尺寸逐渐规范化，长、宽、厚的比例约为4：2：1，使其在砌墙时可以模数化配置，为配合条砖的使用，还创造了多种异型砖，如榫卯砖、企口砖、楔型砖、曲面砖等，在河南洛阳等地还发现用条砖、楔形砖或企口砖砌拱作墓室。

魏晋以后，条砖应用广泛，产量增加。南北朝时期佛教盛行，砖造佛塔得到长足的发展，影响到当时建筑形制。建于北魏正光四年（公元523年）的河南登封县嵩岳寺塔是我国现存建造年代最早的砖塔，塔身除石雕塔刹外皆由灰黄色的砖砌成。

9-2-1

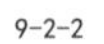

9-2-2

9-2-3

图9-2-1

文字瓦当-长乐未央

图9-2-2

四神瓦当-青龙

图9-2-3

四神瓦当-白虎

图9-2-4

四神瓦当-朱雀

图9-2-5

四神瓦当-玄武

9-2-4

9-2-5

（三）砖瓦的进一步发展

到了唐代，随着烧造、建造技术的发展，砖多用于铺地与墙面装饰，以及建筑内部的承重（主要见于佛塔）。唐砖形状较多，常见的有方形、梯形、扇面形三种，颜色以青灰色居多。从断面观察，唐砖的内部结构致密，抗压能力强。唐代铺地砖的使用比较普遍，在唐长安城大明宫龙尾道遗址出土了大量的素面和莲花纹方砖。

唐代的瓦有灰瓦、黑瓦和琉璃瓦三种。灰瓦质地较为粗松，用于一般建筑。黑瓦质地紧密，经过打磨，多用于宫殿和寺庙，例如唐长安城大明宫含元殿遗址出土的黑色陶瓦。绿琉璃瓦片较少，大都用于檐脊。瓦当纹饰受佛教艺术的影响多为莲花纹，在唐长安城兴庆宫遗址，发现的莲花纹瓦当种类多达70余种（图9-3-1～图9-3-3）。

两宋时期，砖制建筑的记载增多，如《营造法式》等对生产青砖及其砌筑工艺有详细的记载；南宋时，砖包砌城墙在南方许多州城府有记载，如临安城（遗址位于现杭州市）、扬州城（遗址位于现扬州市）、福州城等。

9-3-1

9-3-2

9-3-3

图9-3-1 唐代莲花纹砖1
图9-3-2 唐代莲花纹砖2
图9-3-3 唐代莲花纹瓦当

（四）砖瓦的成熟

明清时期制砖和用砖在宋元基础上得到了极大发展，明朝中叶宋应星著《天工开物》中，详细描写并描绘砖瓦的制造与烧制工艺，迎来了我国历史上用砖技术的又一个高潮——在民居中大规模应用，技术上不断提高，形成一定形制。南方地区的民居以木构架为主，砖材多用于墙体，以空斗墙技术砌筑屋顶以瓦覆盖；北方民居以北京四合院类型为代表，条砖砌墙，方砖铺地，青瓦覆盖屋顶，条砖砌筑大门、影壁，并用砖雕装饰；中原地区以山陕地区民居的窑洞类型为主，多用砖砌拱券和洞外墙，以保护加固立面，防止泥土坍塌。

（五）传统砖瓦民居

【江南地区】

江南地区气候炎热潮湿，民居注重前街后河，坐北朝南，注重室内采光，居室墙壁高且开间大，前后门贯通，便于通风换气；为便于防潮，以木梁承重建二层楼房，底层以砖结构，上层以木结构围护。房屋山墙多为有防火、装饰作用的马头墙。建筑从地区和形式上可分为浙北地区的水乡大屋、园林宅第，浙东地区的绍兴台门三推九明堂，浙西地区的十三间头、十八间头、二十四间头，浙南地区的隈下房等。

水乡大屋

水乡大屋处于亚热带季风气候区，气候温暖湿润，四季分明，降水充沛。从建造上看，大都采用在块石基础之上立木构架辅以砖砌墙的做法。砖墙的砌筑底部采用“实砌墙”，其上是“滚砖墙”，至楼层踢脚线以上多为“空斗墙”砌法。主要分布在杭嘉湖平原，以嘉兴、湖州南浔、嘉善西塘等地为多。代表建筑有南浔懿德堂、嘉兴西塘王寨、南浔刘氏悌号（图9-5-1～图9-5-4）。

9-5-1

9-5-2

9-5-3

9-5-4

图9-5-1
南浔张氏旧宅建筑
图9-5-2
南浔张氏旧宅建筑中景
图9-5-3
南浔张氏旧宅建筑局部
图9-5-4
南浔张氏旧宅建筑近景

二十四间头

“二十四间头”为江南地区民居四合院布局的主要表现形式。由多进厅堂串联而成，或沿纵横轴线双向展开，形成由数个四合院组成的封闭性院落。前厅、后堂各设三间，两翼厢房三、五、七、九间不等。广泛分布于金华、东阳、义乌等地。同时也向邻近的丽水、衢州、严州、绍兴等地影响扩散。代表建筑有东阳夏里墅瑞霭堂、义乌黄山八面厅等（图9-5-5～图9-5-9）。

图9-5-5
东阳夏里墅
图9-5-6
东阳夏里墅局部1
图9-5-7
东阳夏里墅近景
图9-5-8
东阳夏里墅局部2
图9-5-9
东阳夏里墅局部3

9-5-5 9-5-6 9-5-7 9-5-8 9-5-9

图9-5-10
黄山市希范堂局部图
图9-5-11
黄山市希范堂中景图
图9-5-12
黄山市希范堂鸟瞰图

【皖南地区】

皖南地区气候湿热，属于亚热带季风气候。地形多为山地丘陵，群山环绕，谷溪较多。民居建筑与地形地貌巧妙结合，从形式上可分为徽州民居、皖东南民居、吊脚楼等。明清时期，徽州经济繁荣，徽商文化影响深远，徽州民居“四水归堂”的建筑文化特色鲜明，其他皖南地区民居亦深受影响，形式上有相似之处。其中砖作民居在皖南地区北部低山丘陵、中部低山中山、东南部低山中山带均有分布。

徽州民居

徽州民居是皖南地区较为常见的组合形式之一，其平面布局紧凑，多为矩形形式，形成封闭式内天井院。民居建筑以中央天井为连接点，以前后厅堂为主轴线，点线围合成多样组合的形式，这种形式具有整体性、向心性、封闭性和秩序性等特点，广泛分布在城乡聚落。代表建筑有黄山市黄山区希范堂、黄山市徽州区老屋阁、安徽西递村古民居、安徽宏村古民居等（图9-5-10～图9-5-12）。

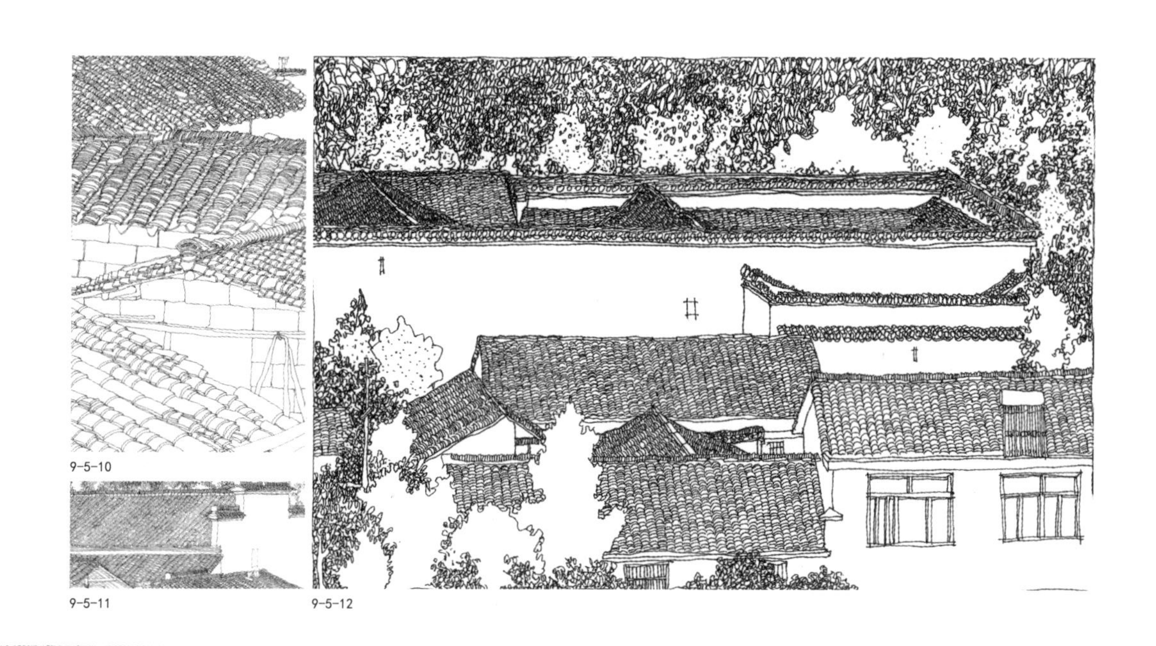

9-5-10
9-5-11
9-5-12

徽州民居瓦面的建造是在木桁条上铺设木椽条，檐口施飞椽挑出，在椽上背钉铺望板或望砖，然后干摊铺瓦，做竖瓦脊，檐口饰勾头滴水。墙体由青砖砌筑，用石灰铺缝全顺或者侧砌的砌法，由砖工砌筑，粉刷内外白灰面，因防盗和私密性要求，外墙不开窗或开小窗，由于宅内多有天井，并不影响房间的采光和通风。墙体多做成空斗或灌斗式，砖块间形成的空气层具有隔热保温作用（图9-5-13～图9-5-16）。

图9-5-13
安徽西递民居鸟瞰图
图9-5-14
安徽西递民居建筑群
图9-5-15
安徽西递民居街道
图9-5-16
安徽西递民居局部图

9-5-13

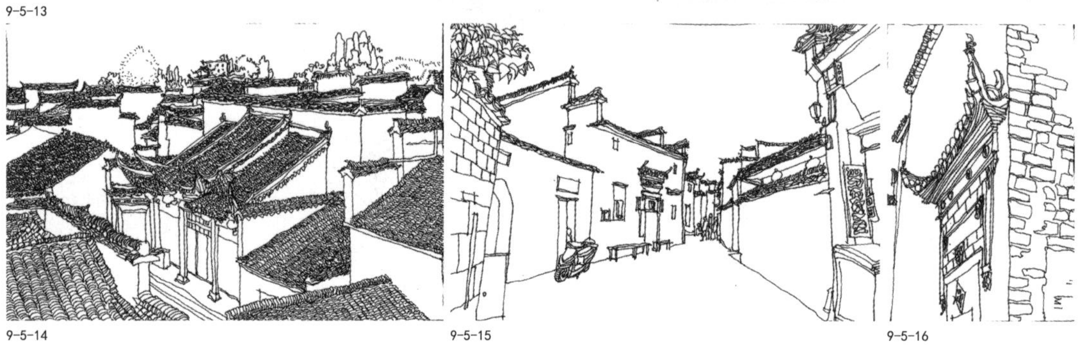

9-5-14　9-5-15　9-5-16

图9-5-17
屈氏庄园鸟瞰图
图9-5-18
屈氏庄园建筑
图9-5-19
屈氏庄园中庭
图9-5-20
屈氏庄园近景图

【川渝地区】

川渝地区自然资源丰富，传统民居采用砖材较少，近代民居选用较多。建筑从地区和形式上可分为重庆主城区的近代折中式民居，渝东北地区的封火筒子、祠堂民居，四川地区的汉族府第宅院、庄园，其中少数民族民居多以自然材料为主。

庄园

庄园现存建筑大多建于晚清至民初，建筑山墙及对外墙体为砖砌筑。多建于场镇附近或乡间。现存庄园多在川西平原、川南、川东北地区。代表建筑有泸县屈氏庄园、江安县黄氏庄园等（图9-5-17～图9-5-20）。

9-5-17

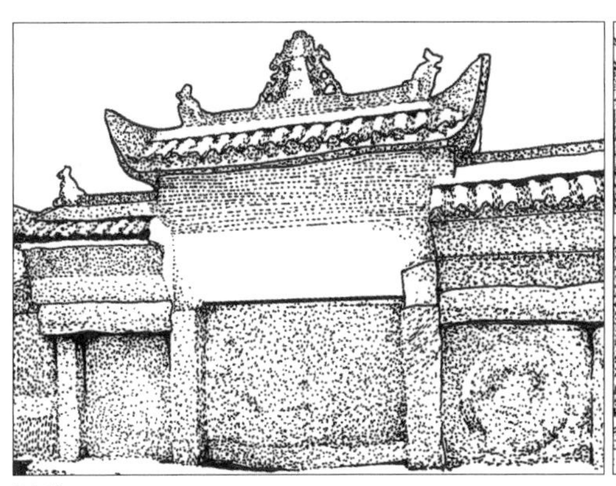

9-5-18

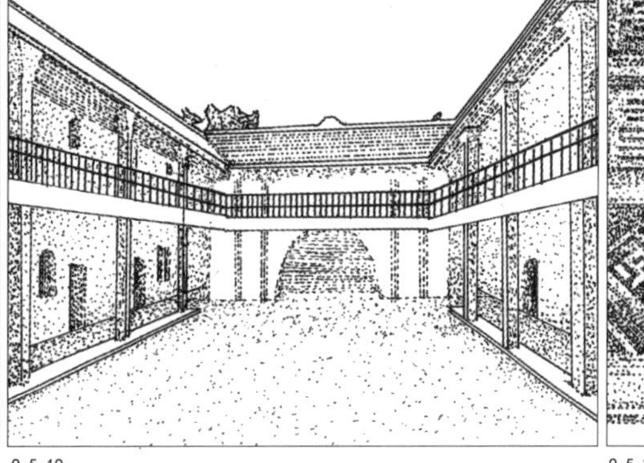

9-5-19

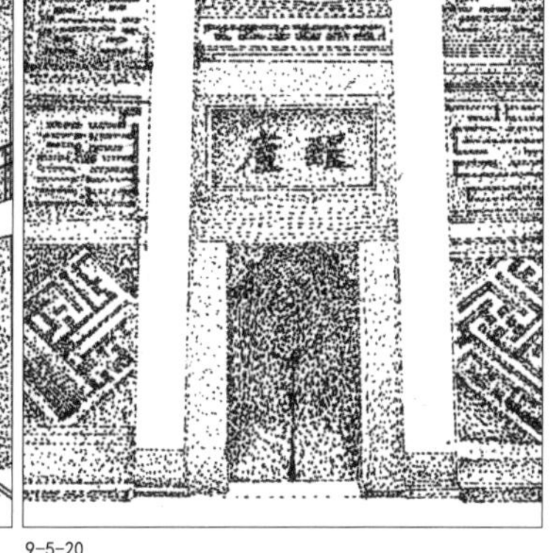

9-5-20

【岭南地区】

岭南地区气候炎热，风雨常至。由于其民系的复杂性、历史的悠久性以及文化的多元性，造就了岭南民居丰富多彩的现象。岭南民居天井小、进深大，平面形式布局紧凑，便于防热辐射和通风散热。大致分为四类：广府民居、潮汕民居、客家民居、雷州民居。

广府西关大屋

广府西关大屋民居中既有采用砖木混合结构，也有梁架结构。外墙材料多数为水磨青砖，室内大阶砖地坪，也有用砖铺砌。主要集中于粤中较为富裕的地区，以广州西关一代最为突出（图9-5-21～图9-5-24）。

9-5-21

9-5-22

9-5-23

9-5-24

图9-5-21
西关大屋近景图
图9-5-22
西关大屋鸟瞰图
图9-5-23
西关大屋内部图
图9-5-24
西关大屋局部图

碉楼、砖楼

碉楼由石砖合建，为多组合院形式，底层为石材，上层为红砖，外墙坚固厚达1.2m。防御性碉楼设有一个出入口，且以厚重石材与铁门防护，内部上下两层，通道畅行。四角各有一个碉楼，墙体上安设射击孔和观察眼，用以防御外敌。碉楼内厅房众多，水井、库房等生活设施齐全。主要分布在雷州半岛及半岛向内陆延伸沿海地区，包括三雷故地（雷州、遂溪、徐闻）以及廉江市部分区域。

砖楼所用的砖有三种：一是明朝时期的红砖，二是清朝至民国时期的青砖，三是近代的红砖。青砖碉楼包括内泥外青砖、内水泥外青砖和青砖砌筑三种。目前开平现存砖楼近两百余座，主要分布在丘陵和平原地区（图9-5-25～图9-5-29）。

9-5-25

9-5-26

9-5-27

9-5-28

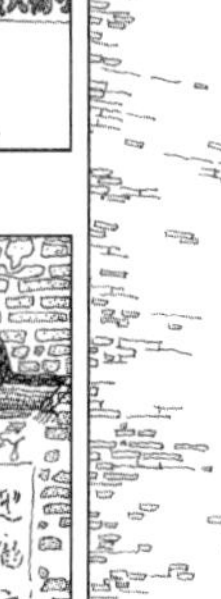
9-5-29

图9-5-25
碉楼远景图
图9-5-26
碉楼近景图
图9-5-27
碉楼细节图1
图9-5-28
碉楼细节图2
图9-5-29
碉楼局部图

【北方地区】

北方地区多为温带大陆性气候，局部地区是高原气候，冬季寒冷干燥，夏季炎热，降水量较少集中于夏季。砖瓦民居以四合院形式为主，西北地区的窑洞形式也有大量分布，建筑从地区和形式上可分为晋北地区的阔院、穿心院，晋西地区的砖石锢窑、台院、敞院，晋中地区的窄院、砖砌锢窑，晋东地区的砖石锢窑、起脊瓦房，以及关中地区的窄四合院等。

晋西砖石锢窑

晋西砖石锢窑造型别致、风格独特，是山西地区较为常见的民居建筑形式之一。从构造和结构形式上来看，砖石锢窑是一种掩土拱顶建筑。砖石锢窑在形式上借鉴了生土窑洞，其拱券造型可分为尖拱、抛物线拱、半圆拱三种类型。

建造时先砌房间侧墙，以拱券形式结顶，将后布以砖石封堵，最后在建筑的正面安装门窗、披檐、雨水口等构件，加以适当装饰雕琢。其主要分布于临县、柳林、方山等地，现存实例包括李家山村、西湾村、张家塔村、冯家沟村、南洼村等地民居（图9-5-30～图9-5-34）。

图9-5-30
方山县张家塔村民居鸟瞰图1
图9-5-31
方山县张家塔村民居北坡
图9-5-32
方山县张家塔村民居门楼

9-5-30
9-5-31
9-5-32

9-5-33

9-5-34

砖砌锢窑

图9-5-33

方山县张家塔村民居鸟瞰图2

图9-5-34

方山县张家塔村民居局部图

晋中砖砌锢窑是山陕地区广泛采用的民居形式之一，晋中砖砌锢窑将传统的窑院营造技术和地方自然环境、社会环境要素相结合，形成具有地域特征的民居形式。晋中砖砌锢窑在建造过程中一般先砌筑侧墙，再起拱发券。墙体多采用条石基础，外皮为清水砖墙，内部填充土坯砖。因承重与保温要求，墙体的厚度可达到0.5～1m。主要分布于晋中的中南部区域，以山地环境居多，在灵石县的夏门村、雷家庄村，介休市的张壁村、北贾村，平遥县的段村、梁村、梁家滩村等村庄聚落中留存有大量实例。代表建筑有灵石县静升镇王家大院、灵石县南关镇董家岭村民居（图9-5-35～图9-5-44）。

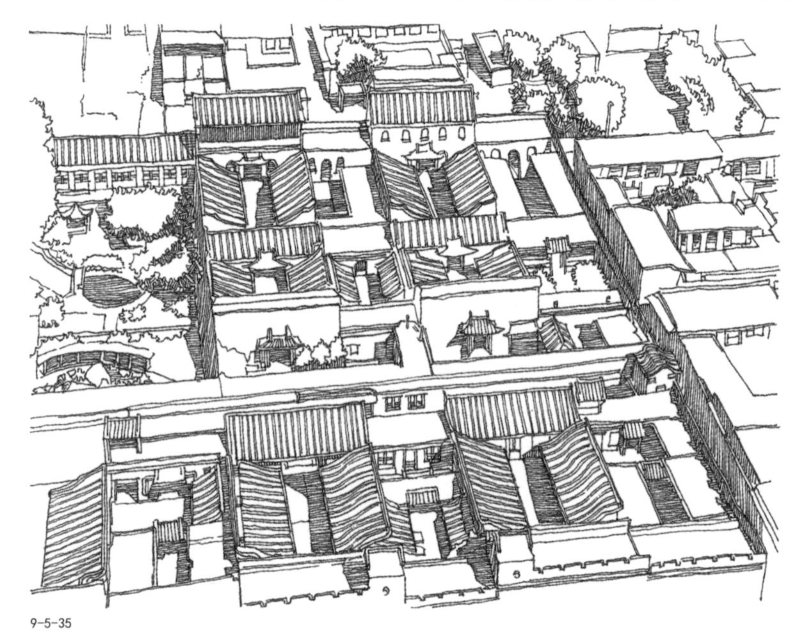

9-5-35

9-5-36

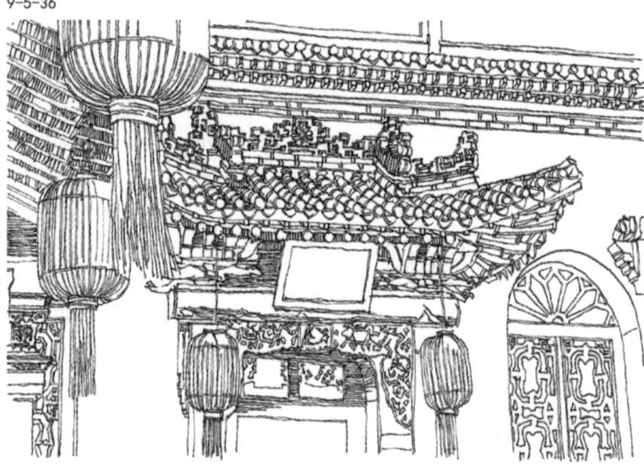

9-5-38

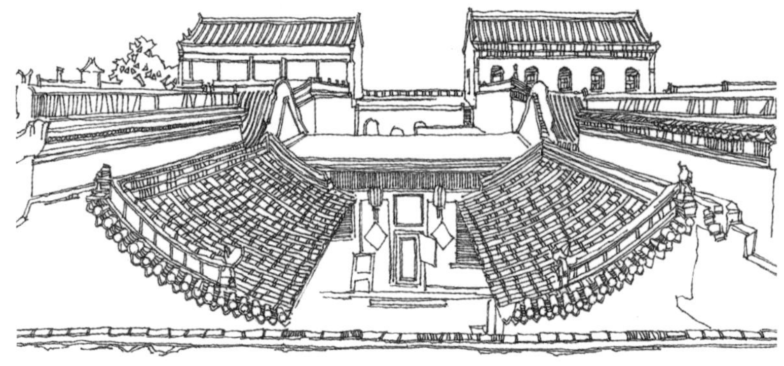

9-5-37

9-5-39

图9-5-35

晋中乔家堡民居建筑群

图9-5-36

晋中乔家堡民居鸟瞰

图9-5-37

晋中乔家堡民居建筑局部1

图9-5-38

晋中乔家堡民居建筑局部2

图9-5-39

晋中乔家堡民居建筑局部3

图9-5-40

晋中王家大院中景

图9-5-41

晋中王家大院近景

图9-5-42

晋中王家大院建筑局部1

图9-5-43

晋中王家大院建筑局部2

图9-5-44

晋中王家大院建筑局部3

9-5-40

9-5-41 9-5-42 9-5-43 9-5-44

窄四合院

关中窄院民居以木构件为骨架，以砖木围护的“框架结构”为体系。墙体的上部一般用小青瓦覆盖，保护墙体不受雨水侵蚀。砖材在关中地区常用作墙体材料，有的墙体全部用砖砌筑，有的用砖和土坯相结合，形成多种类型的墙体形式，如实砖墙、包砖墙等。目前，在关中地区还有很多保存完好的明清年间的四合院建筑，主要分布在西安市、三原县、潼关县、合阳县、富平县、旬邑县、韩城市等地。其中以韩城党家村的窄四合院民居最具代表性（图9-5-45～图9-5-48）。

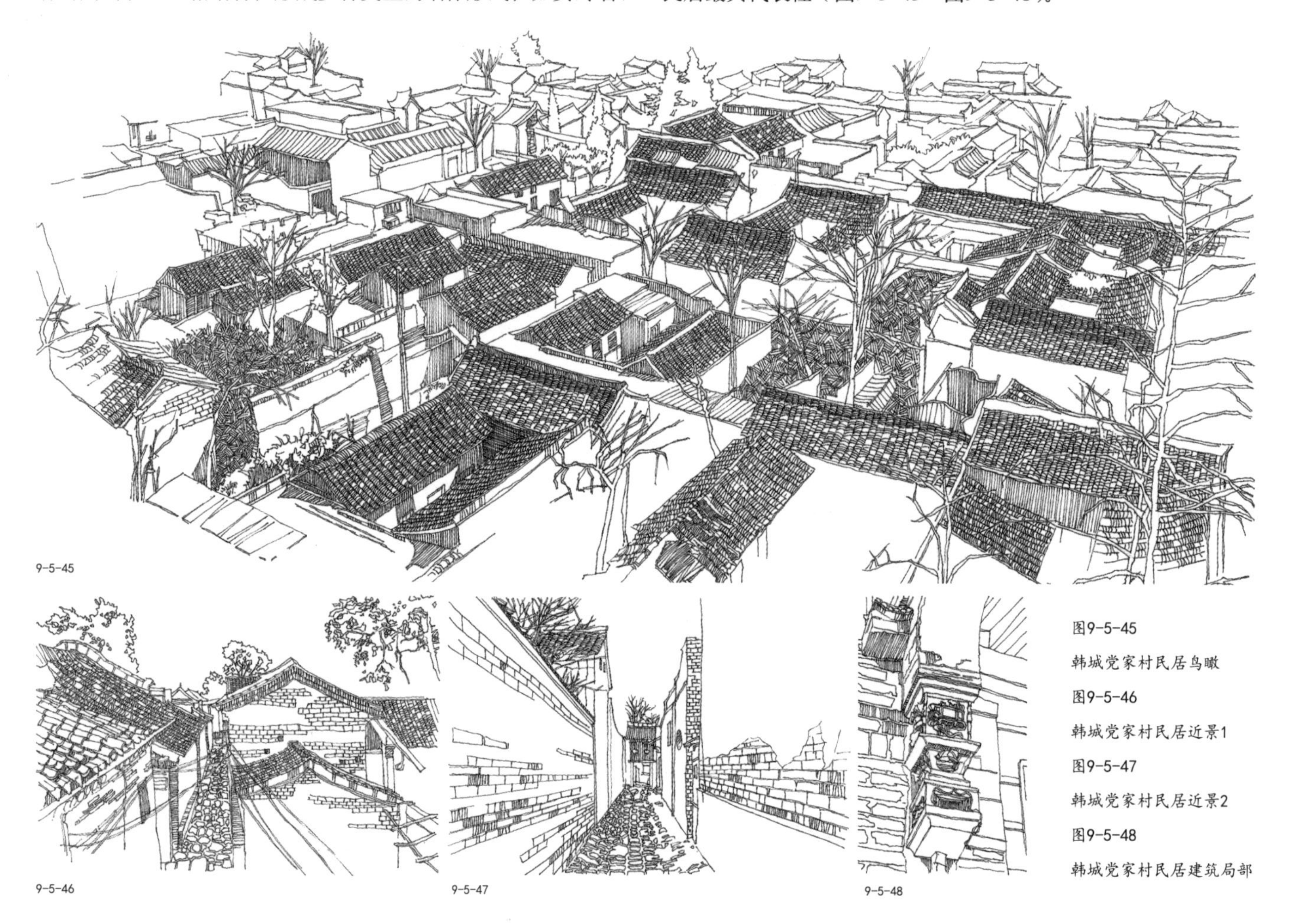

9-5-45

9-5-46

9-5-47

9-5-48

图9-5-45 韩城党家村民居鸟瞰

图9-5-46 韩城党家村民居近景1

图9-5-47 韩城党家村民居近景2

图9-5-48 韩城党家村民居建筑局部

【东北地区】

东北地区为温带季风气候，四季分明，夏季温热多雨，冬季寒冷干燥。民居可大致分为少数民族民居与汉族民居，建筑从地区和形式上可分为辽宁地区的汉族坡顶房、防御庄园；吉林地区的汉族城镇合院、满族城镇合院、蒙古族合院；黑龙江地区的满族瓦房合院、汉族井干式民居。

防御庄园

防御庄园，也称作围堡，单体建筑一般通体青砖构造，硬山式屋顶，多采用小青瓦铺设屋面，由单体建筑组合而形成庄园，四周有敌楼和围墙。围墙高度一般在4～5m，高于屋檐以利防御，砖石墙砌筑厚度约1m。敌楼形态依庄园大院形状，多是四方形少数为圆形，突出在高墙四角以外，楼体多为砖石砌筑，在其墙壁上部设置瞭望口和射击孔，下部完全封闭。辽宁地区庄园大院主要分布在辽河平原和辽东半岛地区，现存六处，分别位于鞍山、辽阳、大连和丹东境内。代表建筑有辽阳高公馆（图9-5-49～图9-5-53）。

9-5-49

图9-5-49
辽阳高公馆鸟瞰

图9-5-50
辽阳高公馆巷道
图9-5-51
韩辽阳高公馆近景
图9-5-52
辽阳高公馆近景
图9-5-53
辽阳高公馆局部

图9-5-54
乌拉街镇“后府、魁府”建筑近景
图9-5-55
乌拉街镇“后府、魁府”建筑鸟瞰
图9-5-56
乌拉街镇“后府、魁府”建筑中景
图9-5-57
乌拉街镇“后府、魁府”建筑局部1
图9-5-58
乌拉街镇“后府、魁府”建筑局部2

满族城镇合院

满族城镇合院外侧砌砖，内侧砌筑砖坯，内部隔墙一般采用砖砌。单体建筑的基础多采用青砖，瓦屋顶的房屋多采用仰瓦屋面形式。吉林传统的二合院民居多分布在永吉县、伊通满族自治县等满族聚居地区的乡村。三合院、四合院多分布在城镇中，以大家族聚居为主，以吉林市和长春市最具代表性。代表建筑有乌拉街镇“后府、魁府”（图9-5-54～图9-5-58）。

9-5-55

9-5-54

9-5-56 9-5-57 9-5-58

十、砖瓦的材料属性和艺术应用

（一）材料属性

砖，是以土为原材经烧制的建筑材料。砖的本质是人的智慧与经验兼备并蓄的工艺品，制砖与用砖技术在材料性能、加工工艺、材料种类以及砌筑方式等方面都经过了飞跃性的历史跨越。

中国古代传统建筑中所用的砖大多就地取材，制坯烧制成青砖或红砖。各地的制砖工艺不尽相同，在类型、规格与名称也多有不同之处。通过传统工艺制作成型、烧造而成的砖是一种绿色可持续的建材，造型规整、密度高、抗压力大、不剥落、无辐射、不变色、无污染，可回收再利用。受黏土种类、烧造方法及温度的影响，砖材的表面颜色、纹理与质感亦是重要特征，青砖的材料性能优于红砖，制作工艺更为复杂。砖材本身是单一元素，其作为结构的性能须经黏结材料的凝聚才能实现。砖材的保温隔热性能较强，砖建筑调节温度能力优越，能够创造舒适的人居环境。

瓦一般指黏土瓦，以黏土为主要原料，经泥料的选择与处理、成型、干燥、焙烧等程序制成。中国传统瓦一般按照结构性质分为土瓦和陶瓦，经400℃～500℃低温烧制的土瓦，表面粗糙，质地疏松，质量轻，敲击有沉闷声，一般用普通黏土制成，烧造后自然冷却，柴烧土瓦偏白色，用于祠堂和较讲究的民宅，煤烧土瓦呈红色，用于一般的民居。在烧后浇水成锈的土瓦呈青黑色，质地疏松，质量轻，敲击有沉闷声，瓦表面具有一定的抗腐蚀能力。经约为800℃～1200℃高温烧制的陶瓦是由陶土或瓷土制成，敲击声音清脆。素胎陶瓦表面不施釉，呈米白色，质地光滑，密度较大，多用于佛寺建筑的屋顶；琉璃瓦表面施釉，能反射部分光线，具有耐火耐酸性能，普遍用于宫殿建筑、庙宇建筑屋面和祠堂部分屋顶。

（二）文化属性

砖的表面质感粗糙淳朴，粗犷却又蕴含匠人的细腻。砖作为一种建筑、装饰材料，因其丰富的文化内涵，参与着缔造人类文明的重要工作，故在中国文化历史背景中被赋予特殊意义。砖作为一种文化载体，在漫长绮丽的历史岁月中替代纸帛笔墨，履行传承中华文化脉络的重要功能，起到积存本源民俗文化的铺垫性作用，具有鲜明的艺术特色和地域文化意义。砖雕、砖建筑、砖砌工艺以及各种形式的砖砌艺术，蕴含着我国传统民俗文化底蕴和伦理道德观念，并且一直伴随着时代更迭的建筑文化、乡土材料在建筑创作演绎砖瓦文化的发展。砖建筑的生命周期一般较长，代表着特定历史时期的文化符号，蕴含着时间维度丰富的历史文化脉络信息，与不同时期的人产生一定的思维共鸣。

中国传统建筑的瓦纷繁复杂、样式多元，依据不同的标准，有不同分类。瓦作为中国古建筑中的重要构件，实用价值与装饰作用独树一帜。在中国古代封建社会中，亦具有划分等级制度的作用，不同的瓦对应着不同的社会等级，瓦的大小、质量、类型等有严格的规定限制，不可僭越使用。

（三）砖瓦材料的艺术展现

中国古代传统建筑中，砖瓦的艺术性主要体现在作为各部分构件中的装饰纹样形式中，其中装饰纹样最举世闻名的当属“秦砖汉瓦”。

秦砖纹饰主要有日纹、方格纹、线纹等图案，以及狩猎、游玩和宴请宾客等画面，也有龙凤纹和几何形纹样的空心砖，刻有文字的秦砖鲜有出现（图10-3-1～图10-3-5）。

图10-3-1
文字砖
图10-3-2
画像砖1

10-3-1

10-3-2

两汉时期的宫殿和墓室之中画像砖繁多，其画面内容充实丰富，有集中表现劳动生产场景的，如农业、牧业的生产丰收景象等，有描绘社会风俗、生活场面的，如宴乐、杂技、舞蹈等，亦有描绘神话故事，如西王母、天宫、蟾宫等经典神话元素，能够清楚地感知当时社会的生产、生活以及精神文化追求。西汉后期盛行的空心画像砖通常反复压印各种纹样，除几何纹样外，亦有龙凤、虎豹、花木、亭台楼阁、车辇、游猎等造型，还有一些富含艺术效果的字形图案，主要用来建造墓室，位于砌墙砖内侧。

10-3-3

10-3-4

10-3-5

图10-3-3 画像砖2

图10-3-4 画像砖3

图10-3-5 画像砖4

图10-3-6

门楼砖雕1

图10-3-7

门楼砖雕2

砖雕是中国古建筑中一种奇特的装饰性镌刻艺术，发展历史悠久。中国封建社会早期、中期，砖雕主要用于陵墓、陵寝、庙宇、宫室之中；封建社会晚期——明清以后，砖雕则大量应用于民居、民间园林的建造与装饰，全国各地留下了大量明清时期的砖雕建筑遗存。

传统砖雕与建筑联系紧密、结构巧妙，赋予建筑生命的韵味。砖雕作为建筑装饰手段，在能工巧匠的思忖后被散布在整个建筑群体的各个位置，如门楼、影壁、墙体、屋脊等部位（图10-3-6、图10-3-7）。

10-3-6

10-3-7

门楼位于入口处，是整个建筑的脸面，大门具有形象展示、传递信息的作用。门楼上的砖雕主要集中在斗栱、通景、方框、元宝、挂落、垂花柱等建筑装饰构件上，根据砖雕的内容能够判断出屋主人的地位、家世等信息。

斗栱砖雕的承重功能已被装饰功能所替代。通常雕刻龙头、凤首等华丽、壮观，且富有气势的形象。通景则处于门楼中斗栱以下最为显眼的部位，砖雕内容极为出色，一条通景犹如一幅连缀不绝的风景画。元宝和方框砖雕位于通景下部，通常是由一块整砖雕刻而成，以两个、四个、八个不等的方式成对出现，图案内容各不相同。挂落是指传统建筑中介乎柱与枋之间。挂落以透雕的形式展现出很强的装饰效果，如同镶嵌在主体画面下方的装饰花边，层次丰富。垂花是位于悬垂花门楼两侧装饰性极强的对称装饰，通常设在入户院落的二道门上，又名“悬垂花柱”，垂花柱末端装饰有莲瓣、石榴头、绣球等多样的造型，雕刻精美，呈秀丽灵动之态（图10-3-8、图10-3-9）。

图10-3-8
门楼砖雕

图10-3-9
门楼通景砖雕

10-3-8

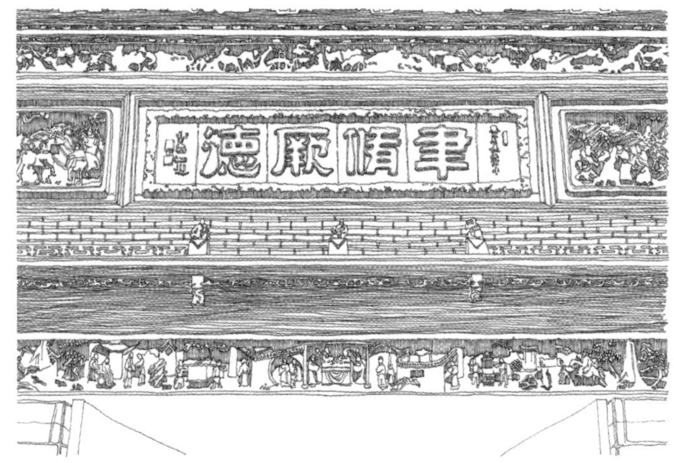

10-3-9

图10-3-10
墙面砖雕
图10-3-11
影壁砖雕

墙面砖雕为避免廊墙单调而装饰，增加了墙面通透、灵巧的效果。主要呈现在院内墙体的漏窗处，漏窗造型精巧、通透，是园林建筑中富有诗意的建筑构件（图10-3-10）。

影壁一般为独立的矮墙，或处在与大门相对的庭院之外，或作为屏障立于院内，受院落内部空间限制，也有以入口处厢房一侧的山墙或院墙作为影壁。无论影壁居于门内或门外，都由三部分组成——壁顶、壁心和壁座。其砖雕通常位于壁心的中心及四角。影壁砖雕纹饰题材遍及各类吉祥图案，也有福、禄、寿、喜等吉祥文字。砖雕影壁纹饰代表了宅院主人的地位以及对子孙后代的殷切期望，营造提升建筑的整体氛围与气势（图10-3-11）。

10-3-10

10-3-11

屋脊砖雕，在坡屋顶建筑上，坡面交错而形成屋脊，为加固和防雨渗漏，屋脊装饰应运而生，满足功能需求的同时亦创造美的形象。一般选用吉祥花卉、博古等传统纹样做成满脊通饰，然后再安装不同寓意的砖雕脊兽。脊兽，根据所处的位置又有正吻、垂脊吻、蹲脊吻、合角吻、角戗兽、套兽等多种形式。脊兽装饰其实就是现实中民众祈愿得到保佑和祝福进而创造的祈福迎祥、驱邪避灾的象征。脊兽的设置，不仅反映了民间的信仰习俗，更增添了建筑物的壮观和神秘之感（图10-3-12～图10-3-14）。

图10-3-12 屋脊砖雕1

图10-3-13 屋脊砖雕2

图10-3-14 脊兽砖雕

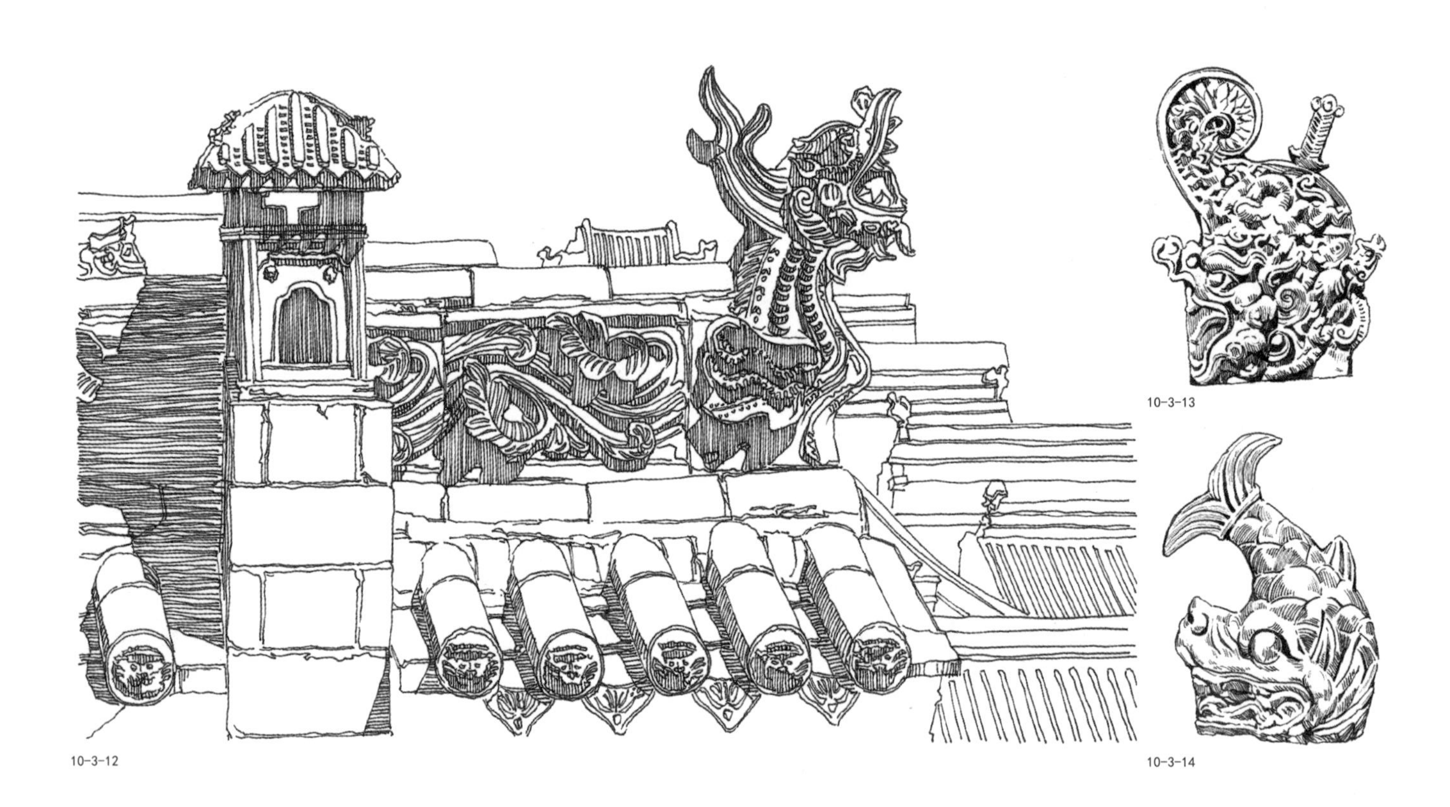

10-3-13

10-3-12

10-3-14

秦瓦当纹样，主要有植物纹、百兽纹和云纹三种，还曾出现“羽阳千秋”“千秋利君”等文字瓦当，字体多是典型秦篆字体，行款统一，图案较少。

汉代的瓦当纹饰更为精进。王莽时代的四神瓦当，形神兼备、力度超凡，还有各类生物纹样，如龟纹、豹纹、鹤纹、玉兔纹、花叶纹等。其中以文字瓦当的数量为最，特点是在形制上分区划界，以瓦当的瓦钉与联珠为中心，使铭文围绕中心做上、下、左、右的变化。文字数目不固定，例如“千秋万岁”“长乐未央”“万寿无疆”“天地相方，与民世世，中正永安”等，书体有秦篆、鸟虫篆、今文、真书等，布局结构疏密相间，笔法粗犷。

琉璃瓦最早出现于汉明器上用作陪葬品，颜色艳丽，雍容华贵，到南北朝时琉璃瓦逐渐出现于建筑顶面之上，唐宋以后琉璃瓦盛行，明清时开始大量使用琉璃瓦。琉璃瓦的规格在我国古建筑中有着严格的等级制度，平民不具备使用权，宫殿、庙宇建筑上才可以使用。在这些建筑中也有着层层规定，以规则最严苛的清朝为例，黄色的琉璃瓦只有皇宫和庙宇的重要建筑才可以使用，基本为皇室专用。绿色稍次，用于较次政治等级的王公贵族建筑屋顶。青瓦则普遍使用在普通民居建筑的屋顶。

瓦在中国古建筑中的意义非凡，既展现美也为研究古人建筑形制提供了参照，更为展现中国古建筑独有的灵性、神韵做出了不可磨灭的贡献（图10-3-15～图10-3-19）。

10-3-15

10-3-16

10-3-17

10-3-18

10-3-19

图10-3-15
汉瓦当纹样
图10-3-16
秦子母鹿瓦当
图10-3-17
文字瓦当1
图10-3-18
文字瓦当2
图10-3-19
文字瓦当3

（四）砖瓦材料在传统建筑中的应用

砖对空间的围合、界定功能主要是指用砖来垒出空间范围，使得人们在特定的空间范围内活动，大致可分为墙壁、山墙、院墙、风水墙。

墙壁一词含义很广，从大体量的城墙至宅院之中的围墙、影墙和庭园的矮墙，种类繁多。形制高的建筑外墙面还会涂上红丹，并辅以琉璃瓦铺装，屋顶上也会以瓦覆盖。墙壁的装饰手法变化多端，有的墙以砖砌出各种图案，通过砖的各种组合搭配构成有规律的装饰孔洞。

山墙，即“房舍双侧的围护墙，居于桁檩端头下处”。中国传统建筑中，庑殿（攒尖）、歇山山墙通常用于大体量建筑，小体量建筑中则常使用硬山、悬山山墙。明清时期，由于砖的成批量生产，砖墙得到广泛应用，硬山山墙的数量逐渐呈上升趋势。

风水墙，风水壁即照壁，是中国古建筑中特有的建筑形式，在明朝时特别流行。位于村落周边用于“挡煞（冬季遮挡阴冷空气）”的围墙被称为“风水墙”。“风水墙”主要是源于风水学理论对古人的影响，风水学讲究导气，即气不能直冲厅堂、卧室。避免气冲却又要保持“气畅”，于是在房屋大门前面置一堵不封闭的单体墙，故形成了照壁这种建筑形式。

院墙是用来空间限定、维护宅院空间的建筑形式，是建筑群或宅院的防卫或划分内外区域用墙。院墙分为下碱、上身、砖檐、墙帽四部分。院墙的宽度和高度不设限，一般以不能翻越为底线。如墙与屋檐相遇，则墙帽必须低于屋檐。

无梁殿

地上整体砖砌筒拱结构的运用，是我国古代建筑史上的一种全新的建筑类型——无梁殿。此前砖砌筒拱结构多用于墓室，南宋至元逐步使用在佛寺建筑中。

无梁殿建筑通体由砖砌筑成，顶部使用筒拱结构，筒拱的跨度较大，拱的弧度规整，多用纵联拱砌法，无梁殿以砖砌墙身承重，壁体厚重，以太原永祚寺无梁殿和五台山显通寺无梁殿为代表（图10-4-1）。

五台山显通寺中轴线上七座宝殿的第四重大殿无量殿为无梁殿形式，妙峰禅师于明万历年间奉旨修造。考量砖构造的承重能力，为减少屋顶整体重量，故殿宇外观为七开间的两层楼房，内部实为三层穹隆顶砖窑，拱洞由数块青砖垒砌而上，形成上小下大之势。明七间暗三间，仿木构造，面宽28.2m，进深16m，高20.3m，重檐歇山顶，砖券而成三个连续拱，以左右山墙为拱脚，拱门联系各间，雕刻技法工巧，是中国古代砖建筑艺术的佳构。外檐砖刻斗栱花卉，内雕藻井悬空，形似花盖宝顶，殿内供奉于万历年间所铸的卢舍那佛（图10-4-2）。

图10-4-1
五台山显通寺无梁殿
图10-4-2
五台山显通寺无梁殿局部

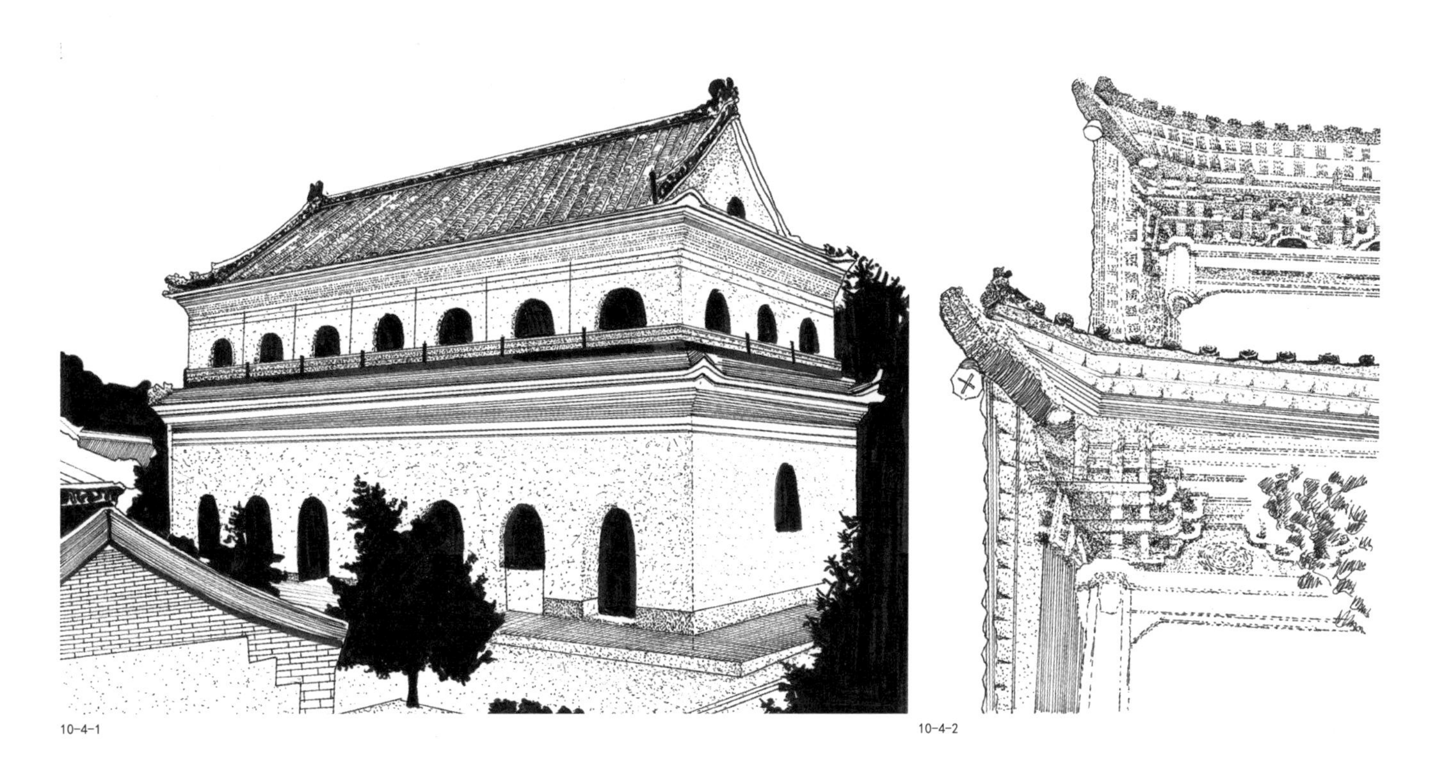

10-4-1

10-4-2

十一、砖瓦的制作工艺和砌筑手法

（一）传统砖瓦作的基本施工工具

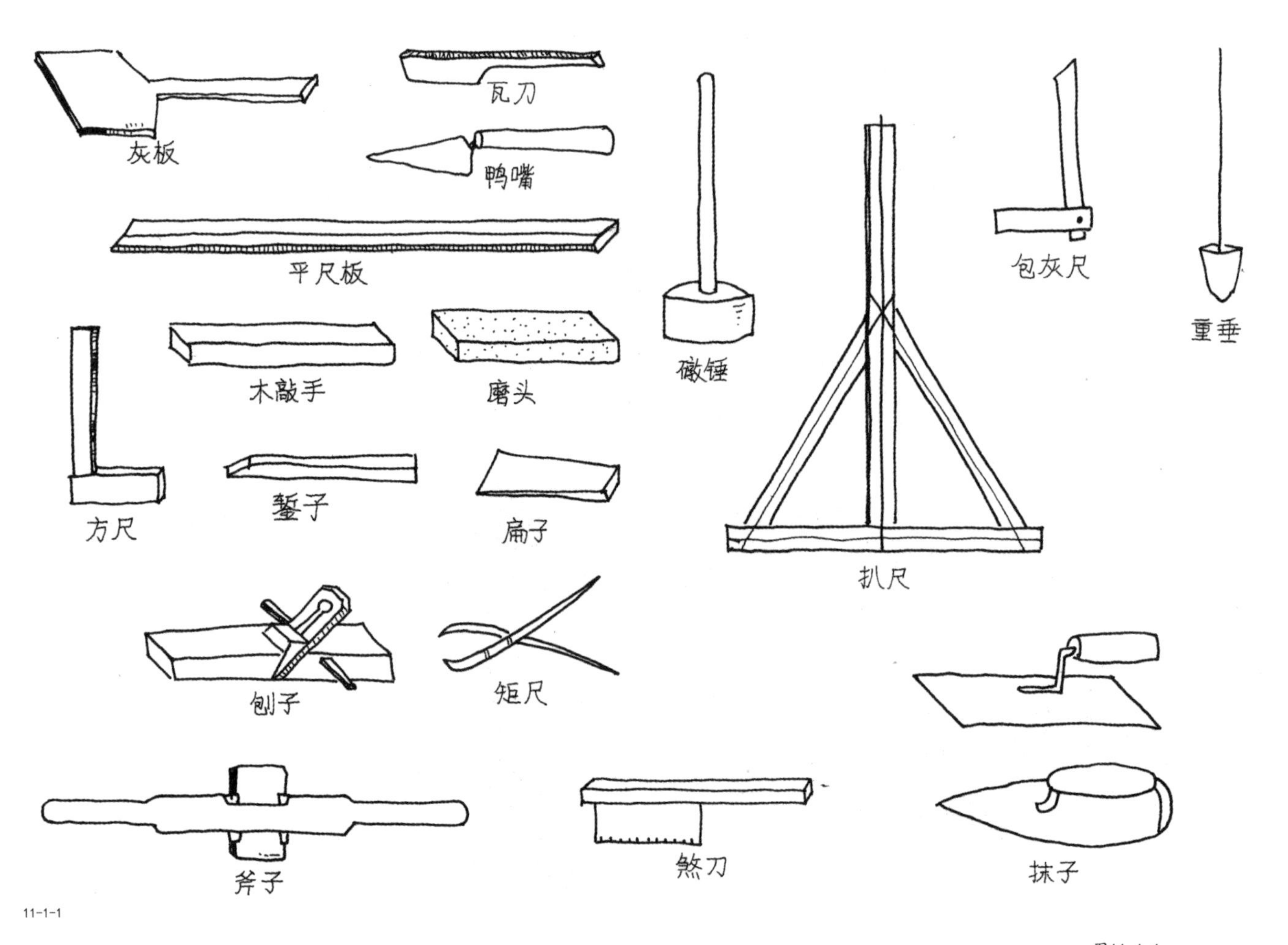

图11-1-1

传统砖瓦作的施工工具

瓦刀：薄铁板制成，呈刀状，是砌墙的主要工具。也用于宜瓦或修补屋面时的瓦面夹缎和裹垄后的赶轧。

抹子：用于墙面抹灰、屋顶苫背、筒瓦裹垄（但不用于夹垄）。古代的抹子比现代抹灰用的抹子小，前端更加窄尖。由于比现代的抹子多一个连接点，所以又叫作“双爪抹子”。

鸭嘴：抹灰工具之一。一种小型的尖嘴抹子，多用来勾抹普通抹子不便操作的窄小处，也用于堆抹花饰。

平尺：用薄木板制成，小面要求平直。短平尺用于砍砖的画直线，检查砖棱的平直等。长平尺叫作平尺板，用子砌墙、墁地时检查砖的平整度，以及抹灰时的找平、抹角。

方尺：木制的直角拐尺，用于砖加工时直角的画线和检查，也用于抹灰及其他需用方尺找方的工作。

活尺：又叫活弯尺。是角度可以任意变化的木制拐尺，可用于“六方”或“八方”角度的画线和施工放线等。

扒尺：木制的丁字尺，丁字尺上附有斜向的“拉杆”，拉杆既可以固定丁字尺的直角，本身又可形成一定的角度。扒尺主要用于小型建筑的施工放线时的角度定位。

灰板：木制的抹灰工具之一。前端用于盛放灰浆，后尾带柄，便于手执，是抹灰操作时的托灰工具。

蹾锤：砖墁地的工具，用于将砖蹾平、蹾实。多用城砖加工成圆台体，中间的孔腿穿入一根木棍。使用时以木棍在砖面上的连续戳动将砖找平找实。近代多用皮锤代替。

木宝剑：又叫木剑。短而薄的木板或竹片制成，用于墁地时砖棱的挂灰。一端修成便于手执的剑把状，故称木宝剑。

刨子：砖加工的工具之一，与木工刨子相仿。用于砖表面的刨平。瓦作的刨子是20世纪30～40年代由北京的工匠受木工刨子的启示发明的。由于它比斧子铲面更顺手，所以很受工匠们的欢迎。

斧子：砖加工的主要工具。用于砖表面的铲平和砍去侧面多余的部分。斧子由斧棍和刃子组成。斧棍中间开有“关口”，可褉刃子。刃子用铁尖钢锻造而成，呈长方形，两头为刃锋。两旁用铁卡子卡住后放人斧棍的关口内。两边再加垫料（旧时多用布鞋底）塞紧即可使用。

扁子：砖加工工具。用短而宽的扁铁制成，前端磨出锋刃。使用时以木敲手敲击扁子，用来打掉砖上多余的部分。

木敲手：砖加工的工具。指便于手执的短枋木。作用与锤子相同，但比铁锤轻便，敲击的力量轻柔。材料多用硬杂木，以枣木的较好，使用时以木敲手敲击扁子，剔凿砖料。

煞刀：砖加工工具。用铁皮制成，铁皮的一侧剪出一排小口，用于切割砖料。

磨头：砖加工的工具之一。用于砍砖或砌干摆墙时的磨砖。糙砖、砂轮或油石都可作为磨头。

包灰尺：砖加工的工具之一。形同方尺，但角度略小于90°，砍砖时用于度量砖的包灰口是否符合要求。

錾子：砖加工的工具，用薄型扁铁制成，前端磨出锋刃。

矩尺：砖加工的画线工具。把两根前端磨尖的铁条铰接成剪刀叉状。矩尺除可画出圆弧，还可运用平行移动形状相同的原理，把任意一图形平移到砖上。

制子：度量工具。多用小木片制成，制子往往比尺子要简便，也不容易出错（图11-1-1）。

（二）砖瓦的制作工艺流程

《天工开物》中对于中国古代（明末时期）传统砖瓦的制造与烧造工艺做了详细记载。

砖的制作流程：

第一道工序：泥的选择和加工。《天工开物》中“凡埏泥造砖，亦掘地验遍土色，或蓝，或白，或红，或黄，皆以粘而不散、粉而不沙者为上”；“汲水滋土，人逐数牛错趾蹈成稠泥，然后填满木匡之中”。泥的选择以不含沙土的黏土为料，具有较强可塑性。制造砖的泥料需经过练泥，也称“踩泥”，利用人力、畜力踩泥、浇水，经过二至三遍后，泥料由生变熟。

第二道工序：压模成型。《天工开物》中对于墙砖与铺地砖成型的记载，将熟泥“填满木匡之中，铁线弓戛平其面，而成坯形”；“造方墁砖，泥入方匡中，平板盖面，两人足立其上，研转而坚固之，烧成效用”。根据不同形制的砖选用不同的模具，将熟泥塞入，用木滚子将两面打磨光滑后脱模，砖坯放置于坯板之上，码好阴干，三日后颜色发白的砖坯即可入窑烧制。方砖所需密度更高，需进一步压实泥料。

第三道工序：烧制。焙烧是制作的最后一道工序。《天工开物》中砖的烧制方式：“其内以煤造成尺五径阔饼，每煤一层，苇新垫地发火”；“百钧则火力一昼夜，二百钧则倍时而足”，（百钧，古代计量单位：3000斤）。砖的烧制时间长、工艺复杂，要经过火烧、搅烟、浇水转锈等不同环节。待砖瓦坯装入窑中以后，就开始烧窑。烧窑的时间与火候把控十分重要，直接关系到烧制质量。搅烟过程最重要的是充足的燃料与缺氧的环境，只保留较小的观火口，其余部分需不断地封泥封砖阻止氧气进入。浇水是在无氧条件下，制造青砖的必要工序。时间充足后经观察冲出的水蒸气是否有烟灰飘出，或在端口塞入稻草，其颜色发黄即可开窑，待窑内完全冷却即可搬出（图11-2-1）。

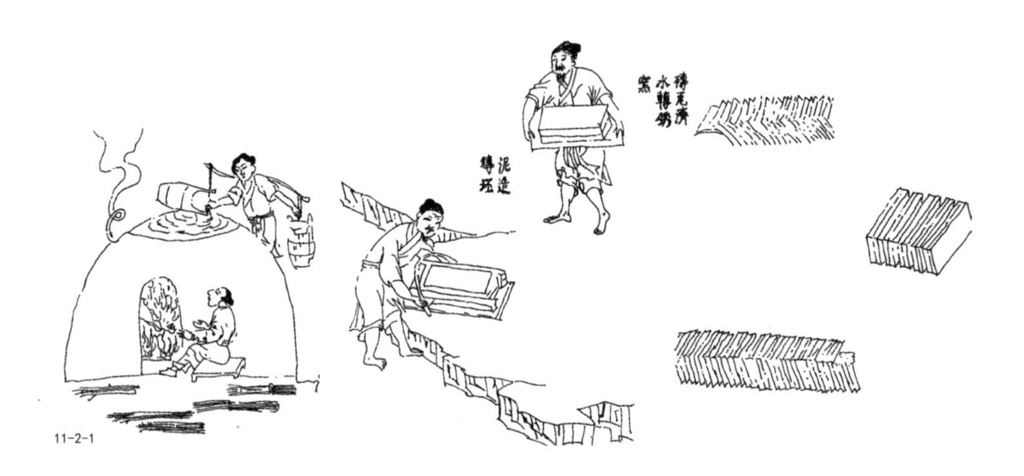

图11-2-1

《天工开物》中砖的制作工艺流程

瓦的制作流程：

瓦的种类繁多，成型工艺较砖材更为繁复。

第一道工序：泥的选择与加工。《天工开物》中做如下记述“凡埏泥造瓦，掘地二尺余，择取无沙黏土而为之。百里之内，必产合用土色，供人居室之用。”与制砖第一道工序选择与加工相同，故不赘述。

第二道工序：成型工艺。《天工开物·陶埏篇》曰：“凡民居瓦，形皆四合分片。先以圆桶为模骨，外面四条界。调践熟泥，叠成高成条。然后用铁线弦弓，线上空三分，以尺限空，向泥墩平戛一片，似揭纸而起，周包圆桶之上。待其稍干，脱模而出，自然裂为四片。”瓦的成型需刮平泥层表面，推出均匀的泥皮，将泥皮罩在包裹附有防粘连的草木灰布袋隔离膜的圆筒状模具表面，形成圆筒状，将水均匀刷在泥皮表面，打磨光滑，割掉多余部分，抽出模具桶，进行晾晒，干燥后拍开形成四片瓦片。

第三道工序：烧制。与制砖第三道工序烧制相同，故不赘述（图11-2-2、图11-2-3）。

图11-2-2《天工开物》中瓦的制作工艺流程

图11-2-3《天工开物》中瓦的制作工艺流程

（三）砖的砌筑方式

砖墙砌筑是指砖头在砌体中的排列方式，为保证墙体的强度及稳定性，在砌筑时遵循错缝搭接原则，即墙体上下砖的垂直切缝有规律错开。

砖按照建筑物面阔方向摆放的砖，称为“顺砖”，按照进深方向摆放的砖，称为“丁砖”，常见的组砌方式：一顺一丁式、多顺式、十字式，等等（图11-3-1～图11-3-4）。

名称	样式	特点
平砖丁砌错缝		墙体较厚，稳定性好
侧砖顺砌错缝		墙体很薄，稳定性差
平砖顺砌错缝		墙体较薄，稳定性较差， 不可过高
平砖顺砌与侧砖丁砌 上下层组合式		墙体宽厚至一砖长或两砖宽， 组合方式多样，稳定性好
平砖顺砌与侧砖丁砌间隔的 席纹式砌		墙面外观似编织席纹样， 稳定性良好
侧砖顺砌与侧砖丁砌间隔 形成的空斗式		省时省料，牢固度低

图11-3-1 条砖砌筑方式

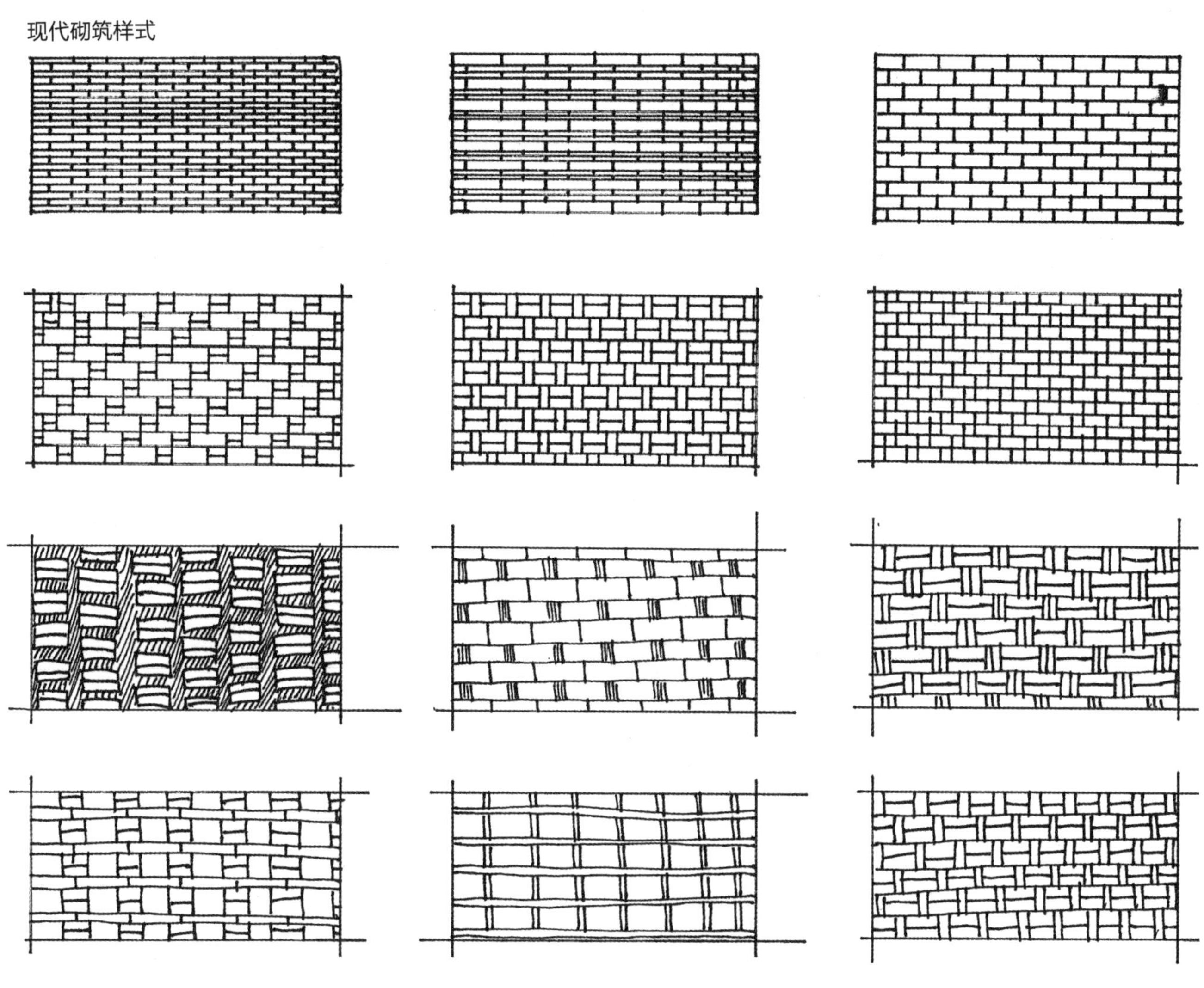

图11-3-2 实墙砌法

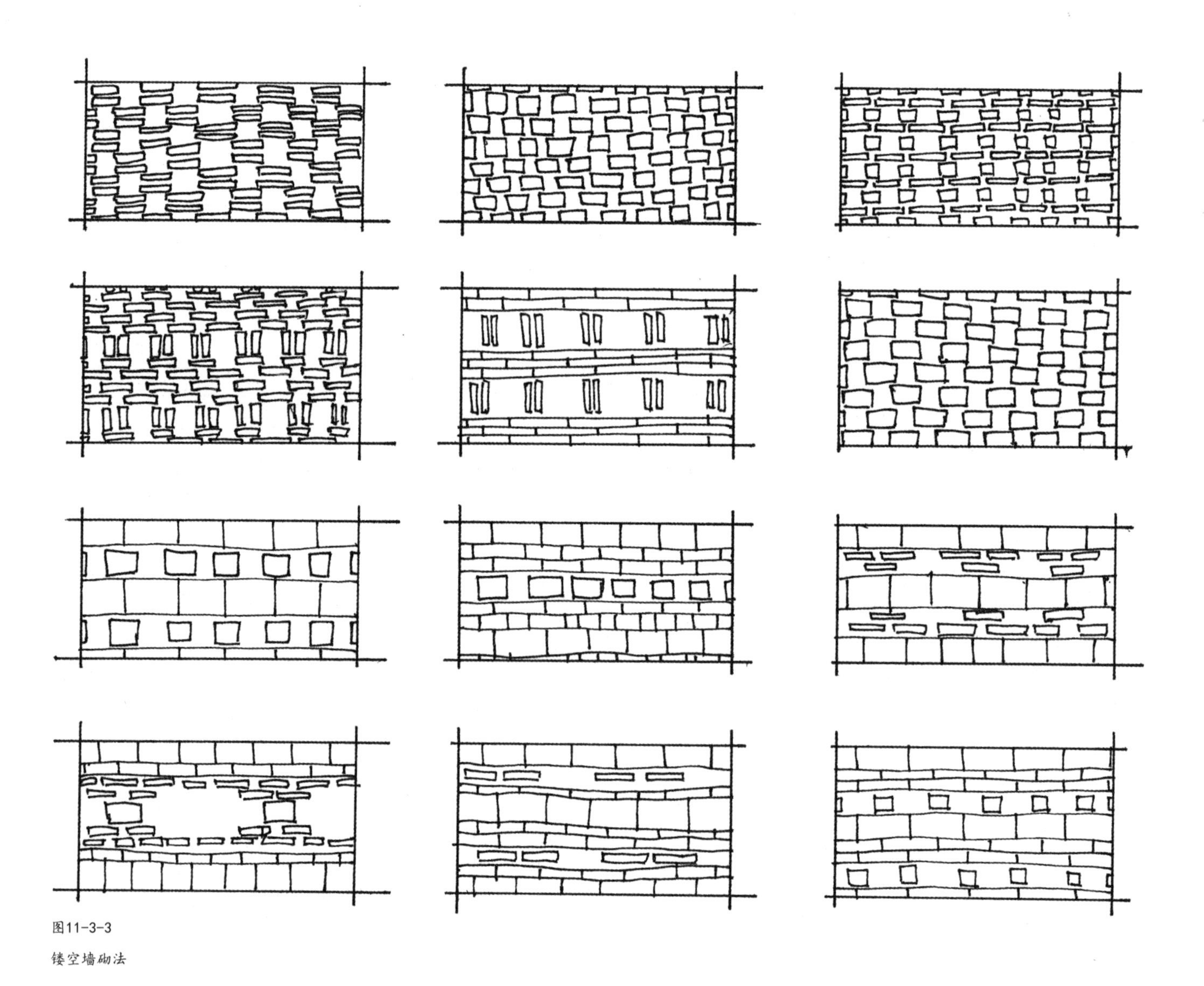

图11-3-3

镂空墙砌法

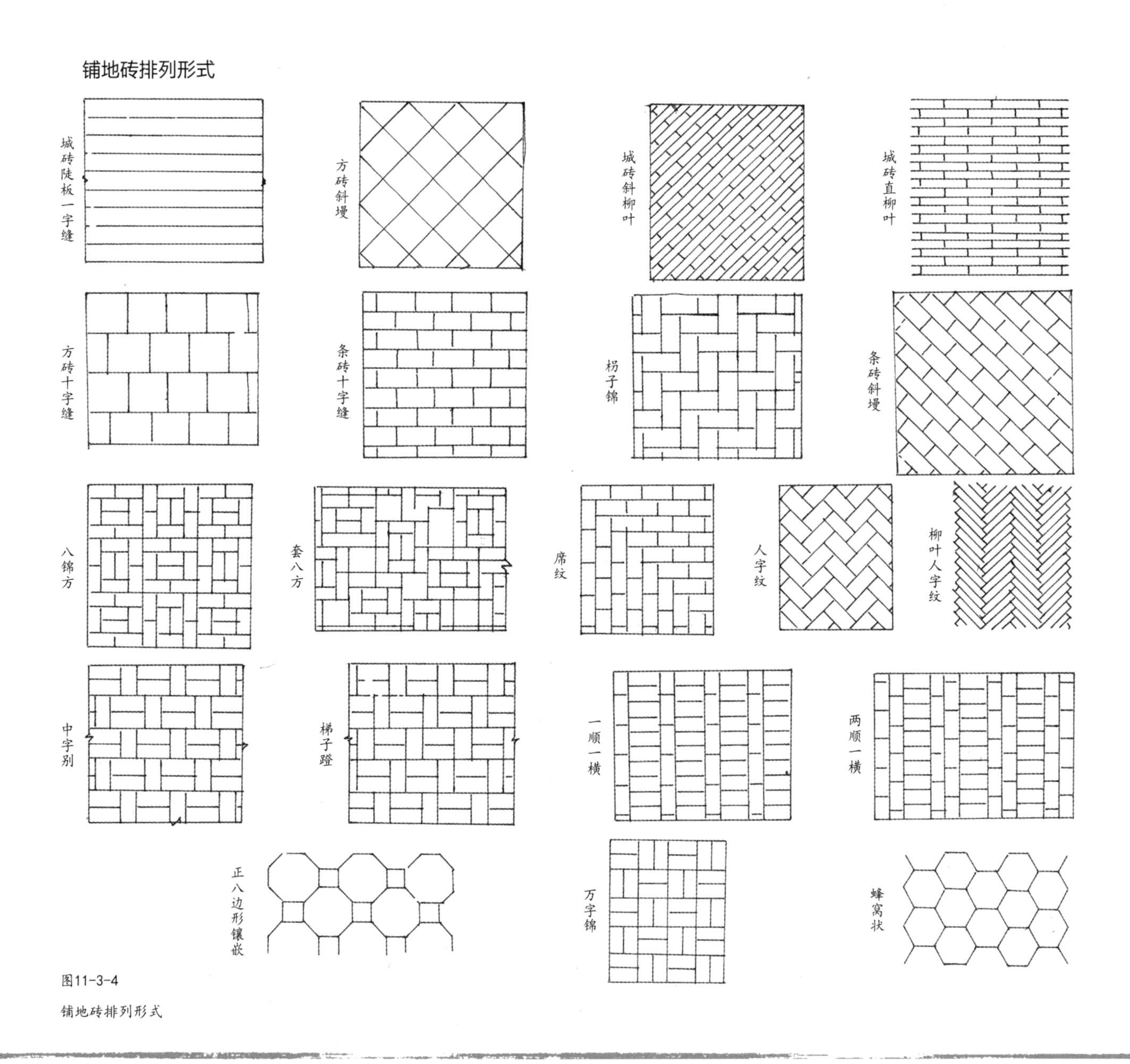

图11-3-4

铺地砖排列形式

十二、砖瓦的现代作品应用

（一）国内建筑案例赏析

宁波博物馆

建成时间：2008年8月

设计师：王澍

面积：占地60亩，总建筑面积3万m^2

地址：浙江省宁波市鄞州区首南中路1000号

宁波博物馆，选择宁波地区拆毁的几十个村落的砖瓦材料作为主材，保留了时代发展的痕迹，唤醒了对消失村落的回忆。

宁波博物馆是王澍山水建筑理念的代表作之一，整个外观如同山的断面，下部却又是简单的“方盒子”。入口处如同山谷般，承接整座建筑与远处的山脉。博物馆建筑主体约9300m^2，高24m，王澍回应中国传统山水理念，将大体量建筑扭转分割，形成近人尺度的流动性街巷空间，同时通过对墙体的收束、倾斜来增强建筑的张力与灵活性。博物馆各部分空间围绕中庭的两个核心庭院进行组织，建筑内采光充足，游人能从大体量建筑中体会街巷感（图12-1-1）。

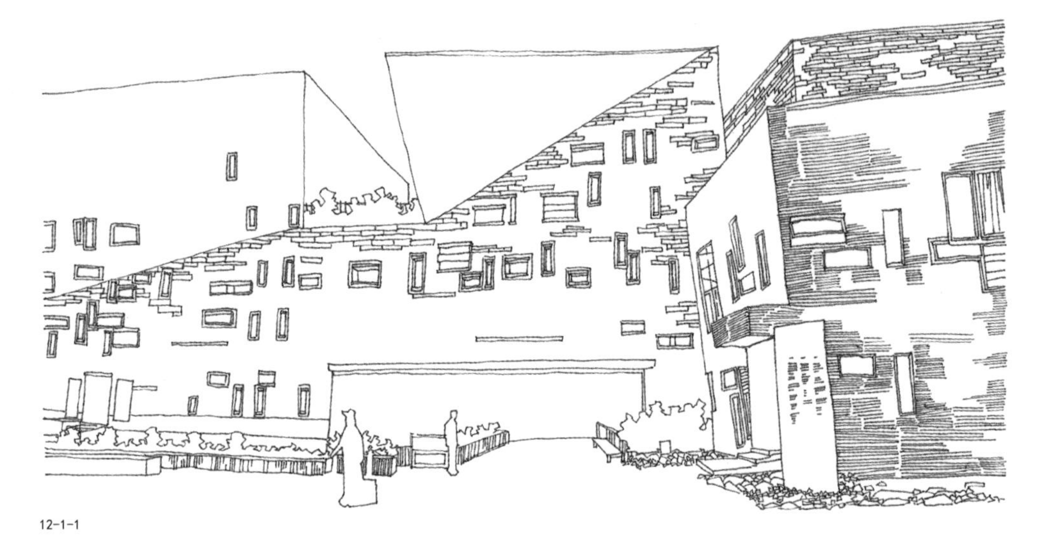

12-1-1

图12-1-1

宁波博物馆近景

图12-1-2　宁波博物馆总平面图

图12-1-3　宁波博物馆近景

图12-1-4　宁波博物馆局部瓦爿墙

宁波博物馆的墙体采用“瓦爿墙”这一传统营造技艺，将废旧砖瓦材料进行现代技术的组织重构，作为表皮肌理贴在混凝土外，用砖瓦的小尺度来细致建筑物的大块面墙体，使得“瓦爿墙”突破本身的结构限制适用于大型建筑中，这是对中国传统材料、传统建筑的回应。瓦爿墙的面积大概有1.2万m^2左右，其结构性经现代手法转译为装饰性的建筑表皮构件，与钢筋混凝土之间形成空气层，保温隔热，使建筑物获得更佳的节能效应（图12-1-2～图12-1-4）。

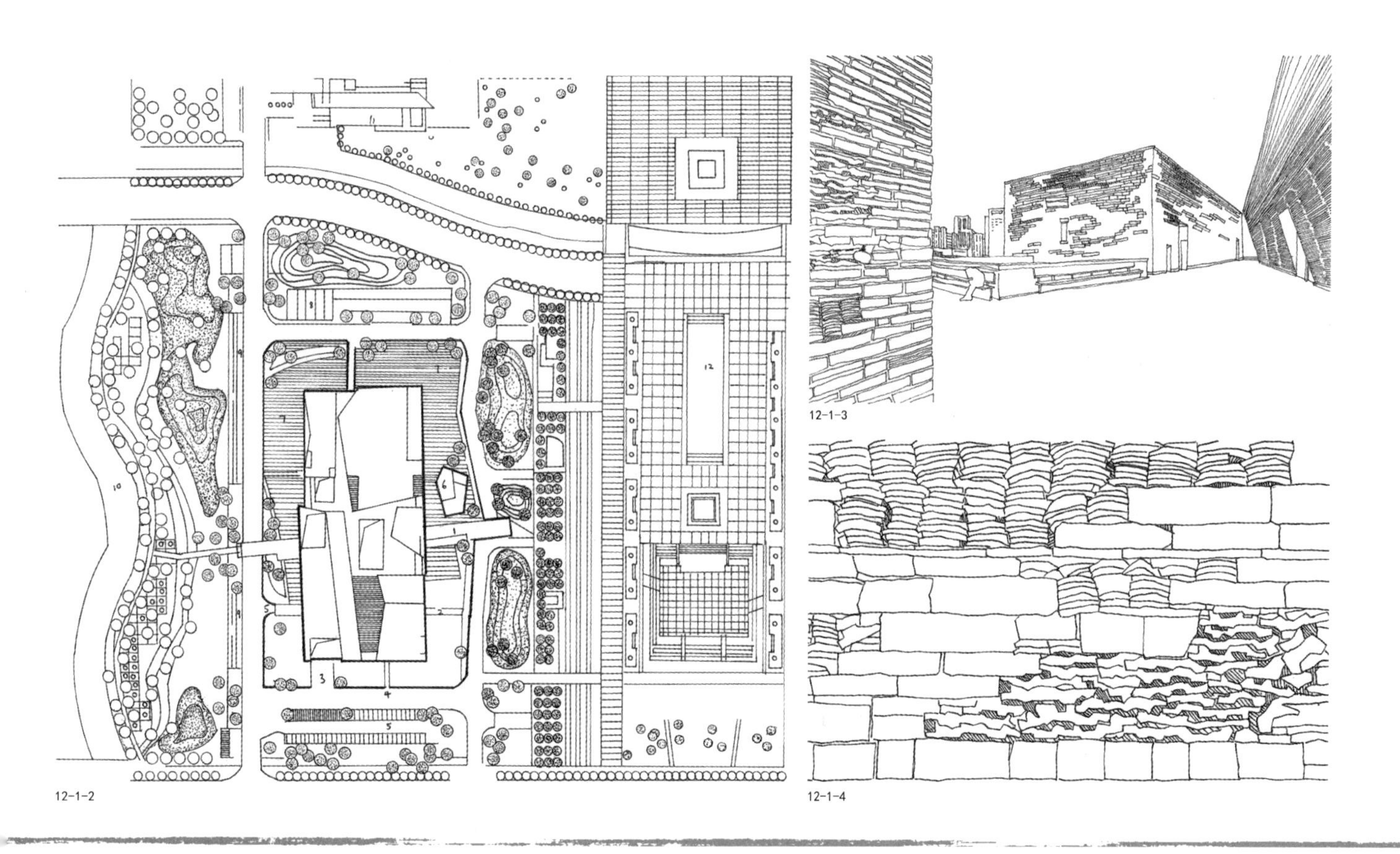

12-1-2

12-1-3

12-1-4

中国美术学院民俗艺术博物馆

时间：2013年1月～2015年9月

团队：隈研吾都市设计事务所

项目类型：博物馆，会议中心

基地面积：11279m^2

地址：中国杭州

“中国美术学院民俗艺术博物馆”位于中国美术学院校园内。与王澍设计的“水岸山居”教学楼互为表里、相互承接，民艺博物馆沿着坡地的起伏态势形成流动、连续的空间。

民艺博物馆外观上投映中国传统村落中青瓦连绵的景象，设计思路来源于最为普通、在传统民居中应用最广泛的建筑材料——瓦。青瓦暗含着历史气息和印记，传承着中华文明脉络，成为整个建筑的灵魂（图12-1-5～图12-1-7）。

12-1-5

图12-1-5

中国美术学院民俗艺术博物馆鸟瞰

图12-1-6

中国美术学院民俗艺术博物馆中景

图12-1-7

中国美术学院民俗艺术博物馆近景

12-1-6

12-1-7

建筑物表皮是由不锈钢索铆固着瓦片构成，在阳光下形成特殊光影感，同时还起到控制建筑内采光的作用。建筑顶部和表皮所采用的瓦片来自当地的传统民居，这有助于融合建筑与环境，增强建筑在地感。青瓦给人以素静、古朴的美感（图12-1-8～图12-1-12）。

图12-1-8 瓦幕墙立面
图12-1-9 瓦幕墙局部1
图12-1-10 瓦幕墙局部2
图12-1-11 小青瓦
图12-1-12 瓦幕墙细部

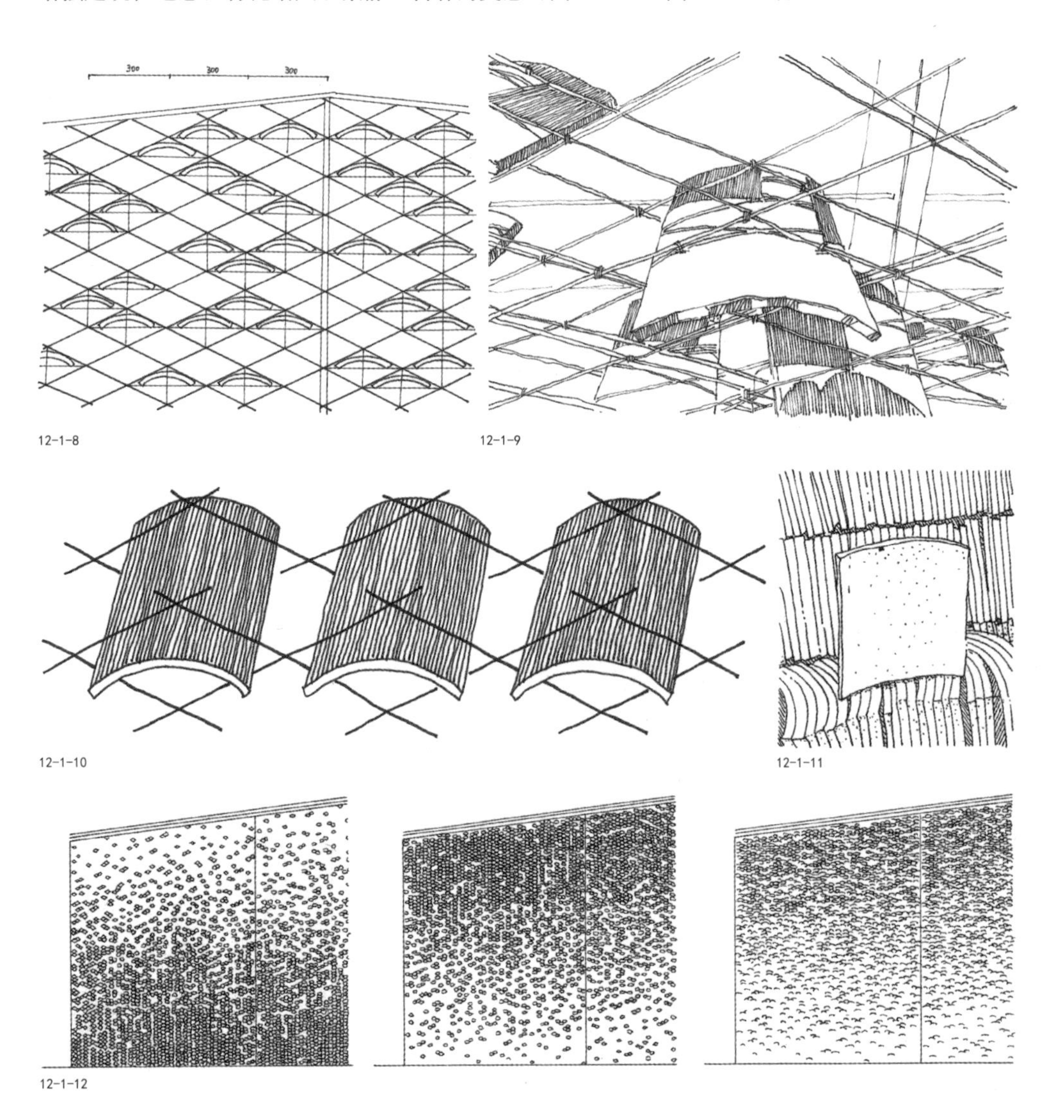

12-1-8

12-1-9

12-1-10

12-1-11

12-1-12

红砖美术馆

时间：2012年

设计师：董豫赣

项目面积：20000m^2

地址：北京市朝阳区东北部一号地国际艺术区

图12-1-13

红砖美术馆入口近景

图12-1-14

红砖美术馆中庭

图12-1-15

红砖美术馆墙壁细部

12-1-13

12-1-14

12-1-15

12-1-16

12-1-17

红砖美术馆采用红砖作为主要建筑元素，在建造砌筑过程中尽量保证砖块完整性，以此构成独特的建筑语言，试图在喧嚣城市的楼宇间，打造一座静谧、独特的园林式当代美术馆。

美术馆由主体建筑、庭院和园林组合而成。居于南部的建筑分上下三层，红砖砌筑，主要用于展览举办。简单朴实的设计，给予观者不一样的视觉体验。作为过渡地带的庭院，设计者并不想用平铺直叙的方式表达，而是通过对空间的繁复设计加之精美细节，让游客具有可行、可观、可游之感，学术报告厅、餐厅、咖啡厅和会员俱乐部等配套设施散落于此，而坐落于北部的园林则是糅合建筑与周边环境的存在（图12-1-13～图12-1-19）。

图12-1-16

红砖美术馆墙壁细部

图12-1-17

红砖美术馆墙壁

图12-1-18

红砖美术馆局部

图12-1-19

红砖美术馆局部

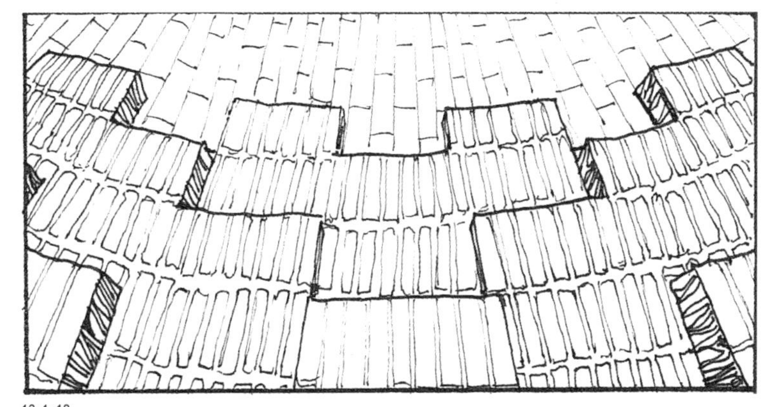

12-1-18

12-1-19

井宇

时间：2005年

团队：马达思班建筑设计事务所

材料：砖

功能：住宅建筑娱乐休闲设施酒店

地址：陕西蓝田

12-1-20

图12-1-20

井宇近景

“井宇”的设计以关中民居形制为参考，布局遵循中国传统的四合院形式。

“井宇”外观古朴，伫立在山塬上，门楼采用传统形式建造，倒三角的屋顶是关中民居“房子半边盖”的现代手法转译，典型当地建筑的外部特点——砖墙瓦顶，高厚的墙壁以及屋顶的运用在这里有双重历史性目的：四水归堂以及防护保护作用（图12-1-20）。

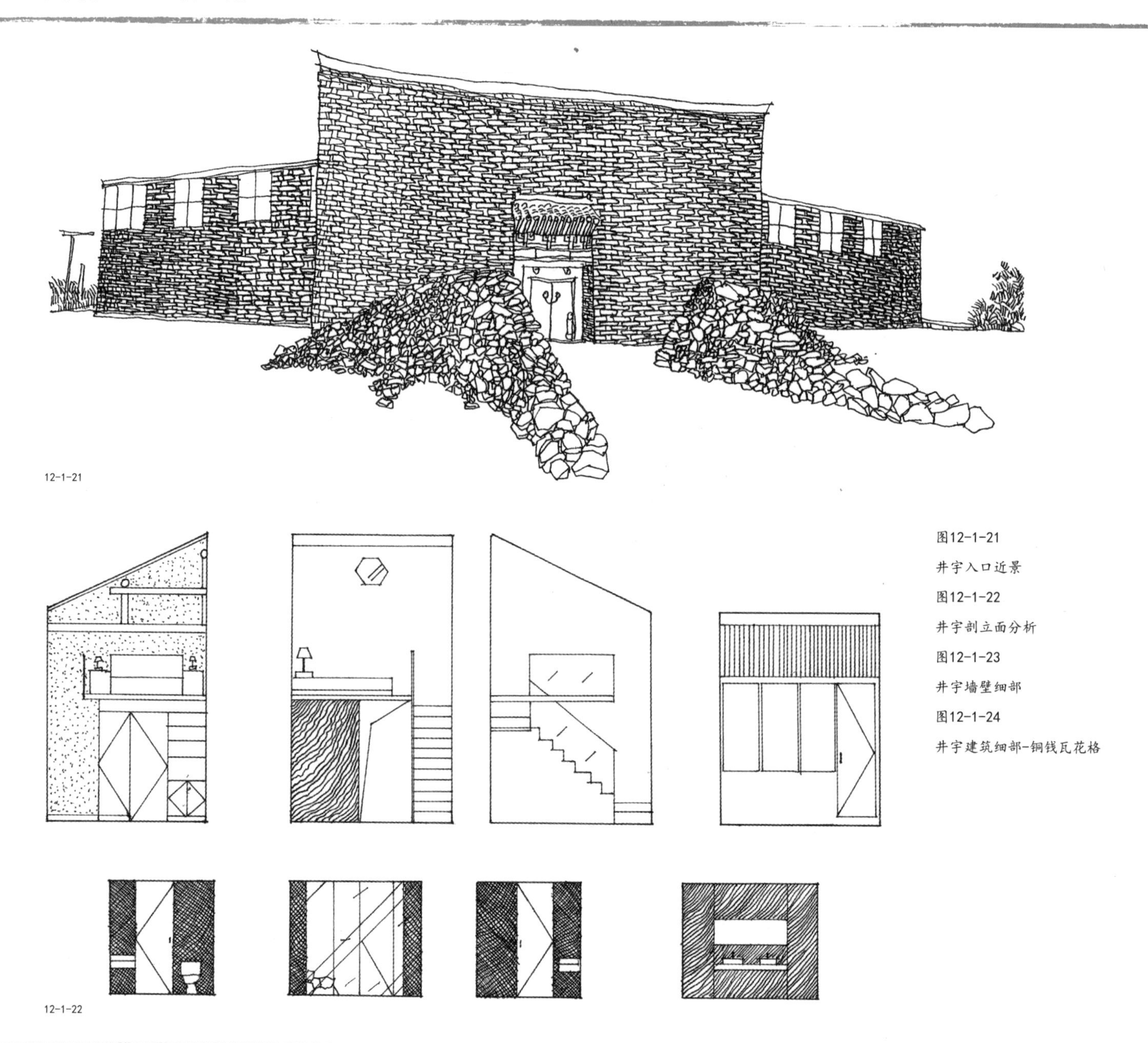
12-1-21

12-1-22

图12-1-21

井宇入口近景

图12-1-22

井宇剖立面分析

图12-1-23

井宇墙壁细部

图12-1-24

井宇建筑细部-铜钱瓦花格

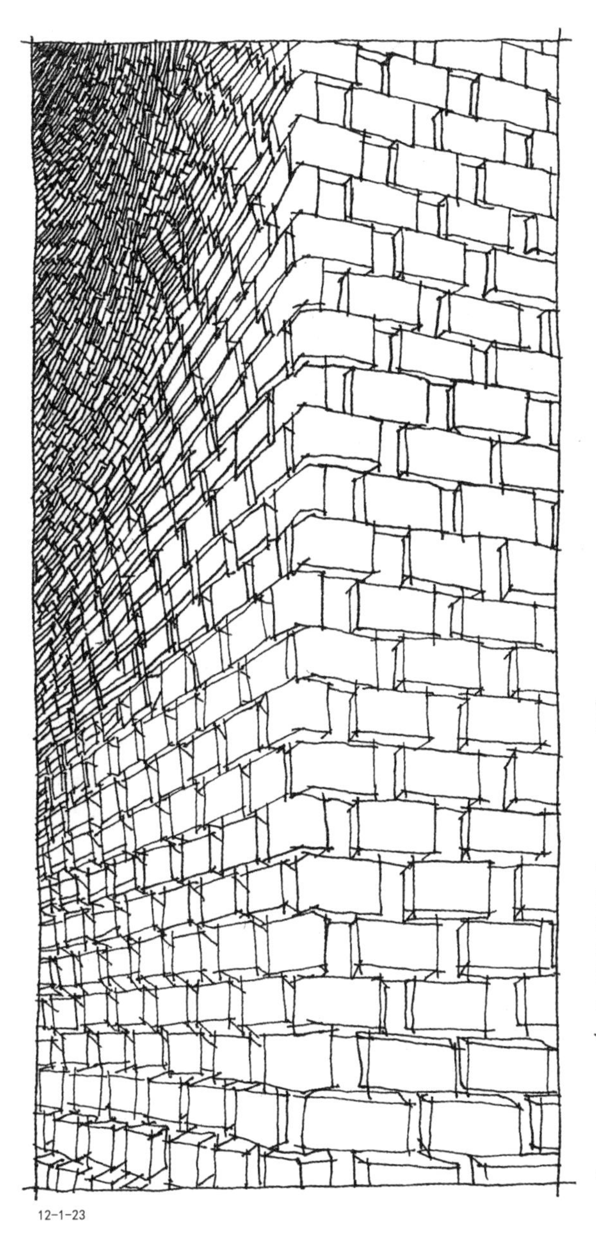

12-1-23

井宇前院廊道地面由旧瓦片竖立拼砌而成，建筑墙身下层选用的是当地产的青砖，而蓝田阳光为普通的建筑表皮平添了不同的质感与色调。

井宇就地取材，使用的是当地烧制的传统青砖与当代红砖，改变砌筑方式，下层厚砌，向上边垒边缩，两侧边墙直立垒砌，墙体如同凹陷般形成优美的弧度。外墙采用红砖和青砖两种，红砖砌筑在内，青砖砌筑在外，通过镂空的砌筑方法使红砖在灰砖内时隐时现，形成一种编织的效果（图12-1-21～图12-1-24）。

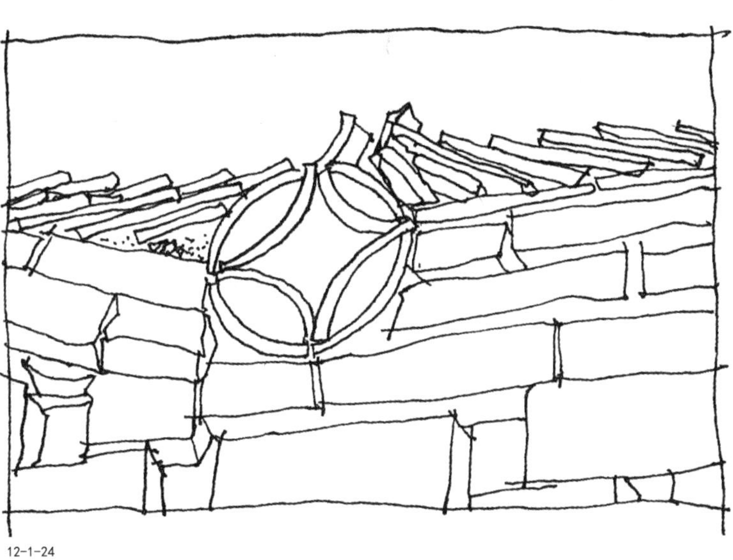

12-1-24

陶仓艺术中心

时间：2020年

团队：裸筑更新建筑设计事务所

地址：浙江省嘉兴市秀洲区丰产桥

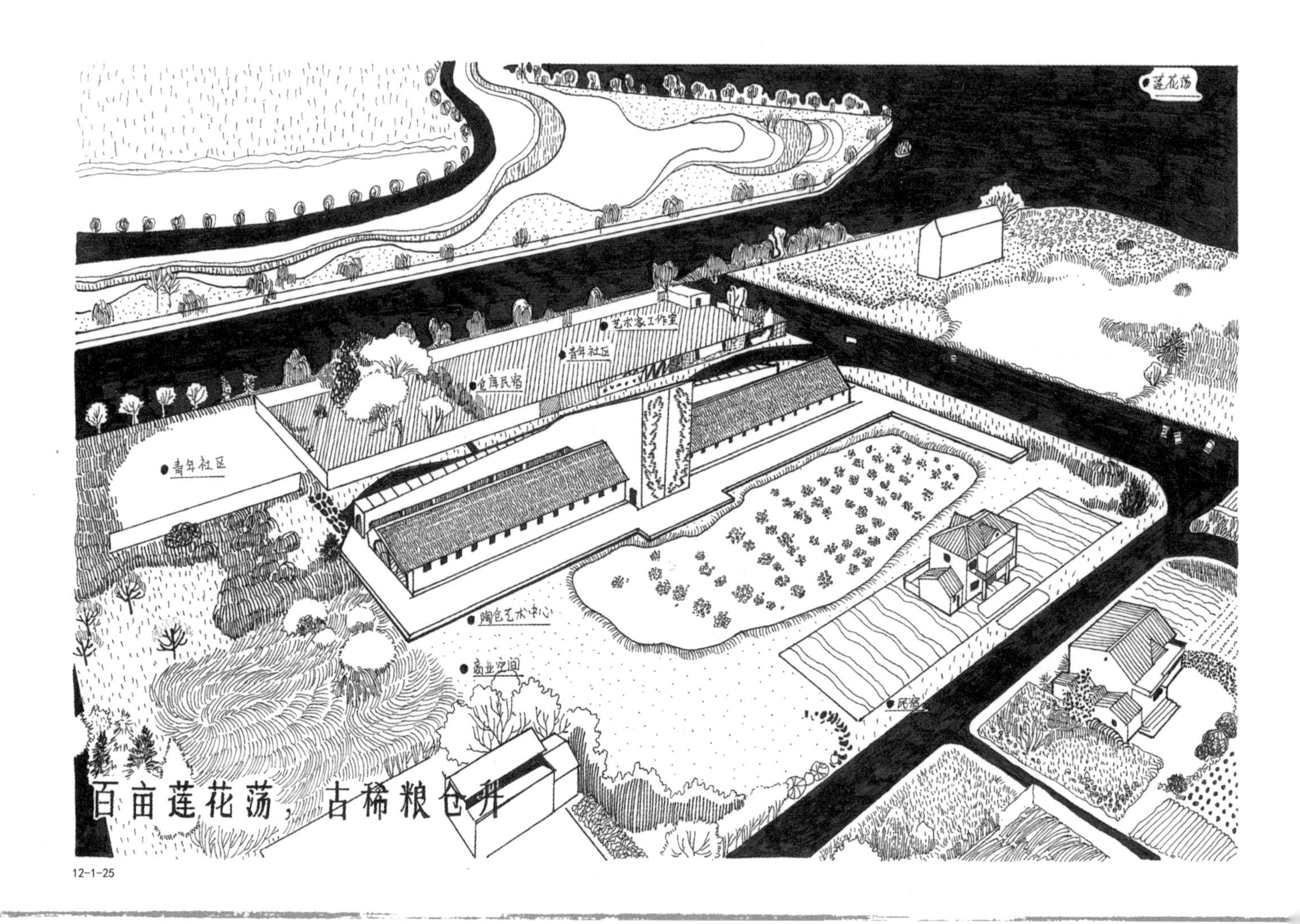

12-1-25

图12-1-25
陶仓艺术中心鸟瞰图
图12-1-26
陶仓艺术中心鸟瞰图1
图12-1-27
陶仓艺术中心中景
图12-1-28
陶仓艺术中心鸟瞰图2

陶仓艺术中心重塑于一座弃置多年的粮仓。建筑整体呈“一”字排开，其北向运河，南临莲花池，以红砖为主元素，分东、西两仓。东仓由两个相对独立的小空间组成，多用于举办艺术展览，西仓作为商业展厅，空间开阔，仓内水磨石莲花纹样与整体拱圈结构呼应。中庭用黑色旋转楼梯连接二层公共空间以及三层露台（图12-1-25～图12-1-31）。

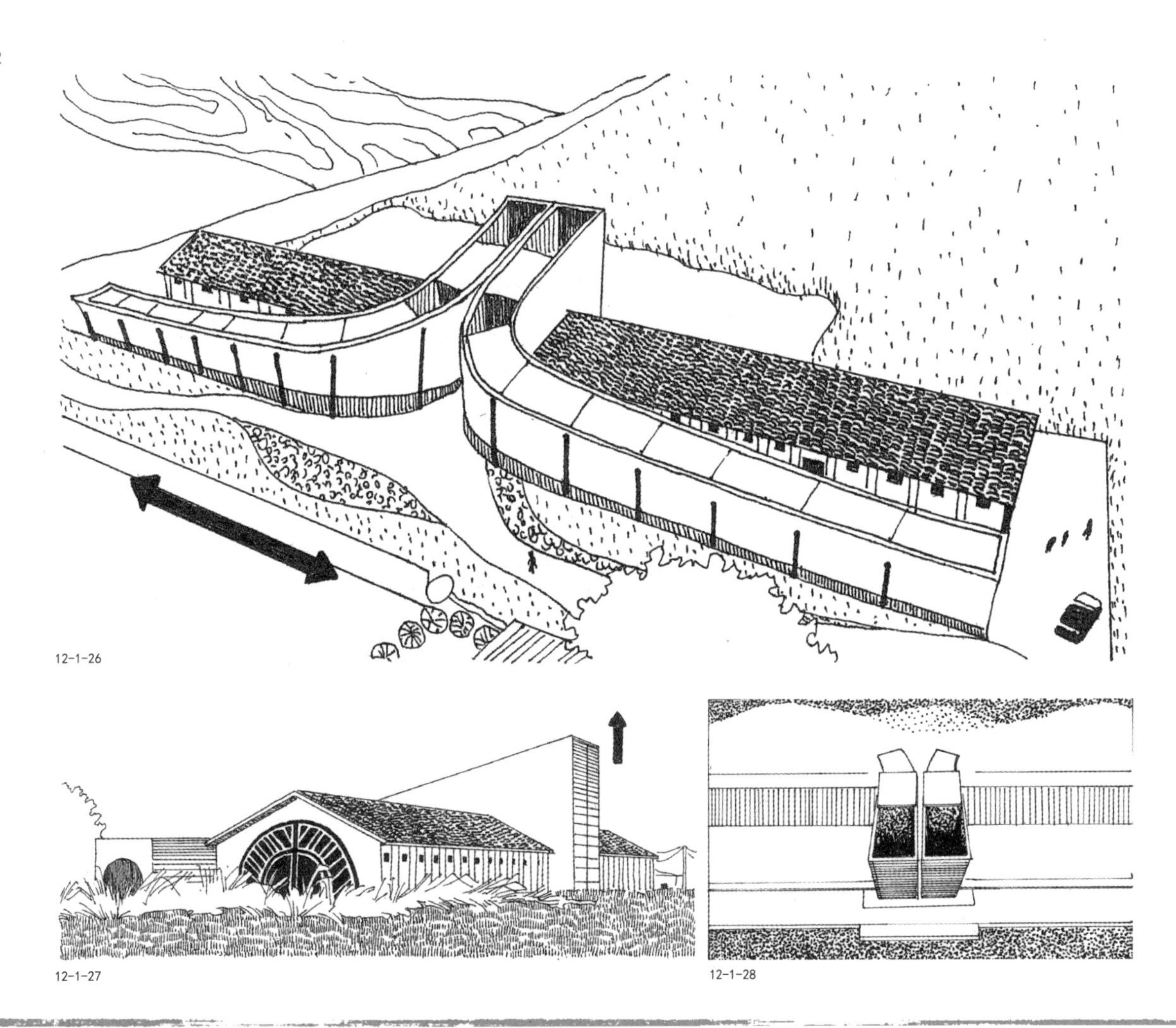

12-1-26

12-1-27

12-1-28

图12-1-29

陶仓艺术中心远景

图12-1-30

陶仓艺术中心局部-麦穗

图12-1-31

陶仓艺术中心麦穗砖排列形式

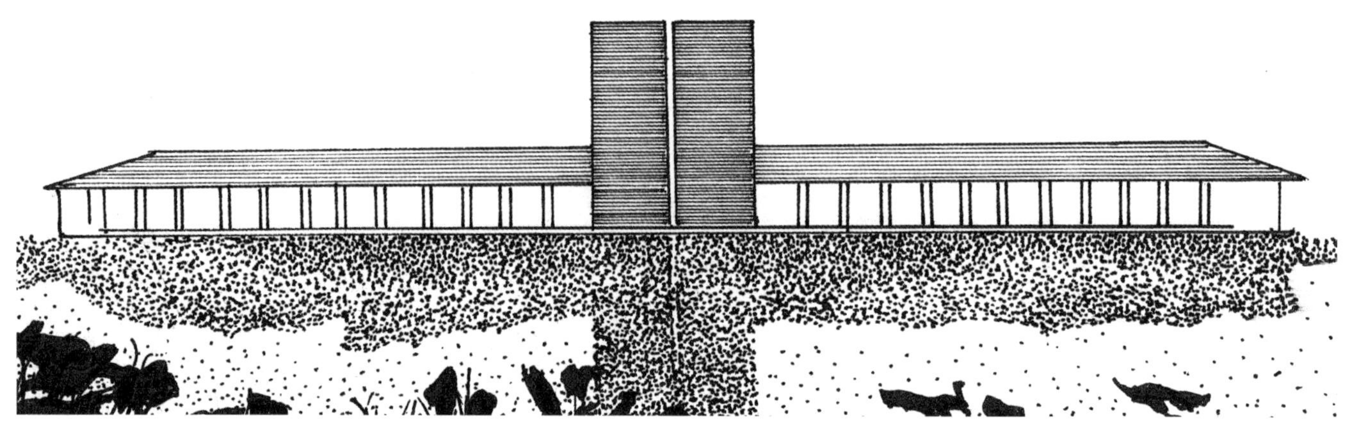

12-1-29

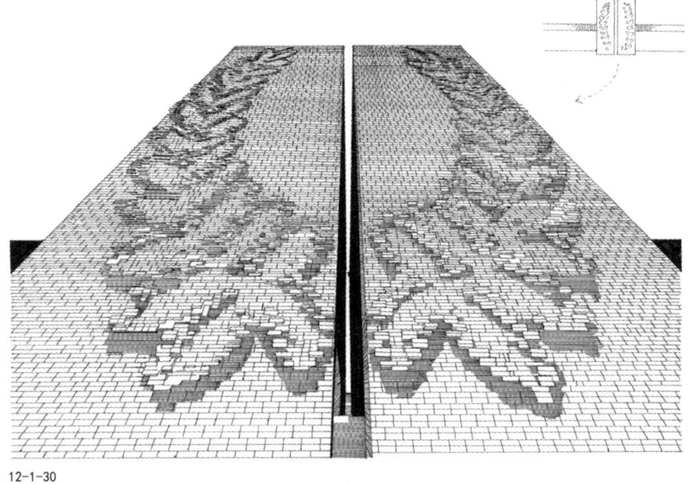

12-1-30

12-1-31

老粮仓由于年久失修，无法再负担任何部件。因此，建筑的辅助功能需在外部解决，“连廊”便是粮仓最好的“伙伴”，连廊的加入，改变了建筑的格局与路径走向。两条连廊作为辅助配套功能空间，它们各自陪伴自己的粮仓，相通却不相连。

麦穗，寓意这座粮仓的过去。相同于排水的设计，通过三种砖的模数变化，叠搭出麦穗的图形。

粮仓屋顶为混凝土拱圈顶住砖砌望板形成的双曲面屋顶。对于连廊的结构，裸筑选择了结构逻辑清晰的拱圈作为对主粮仓结构的对仗，依次秩序往复（图12-1-32、图12-1-33）。

图12-1-32

陶仓艺术中心局部1

图12-1-33

陶仓艺术中心局部2

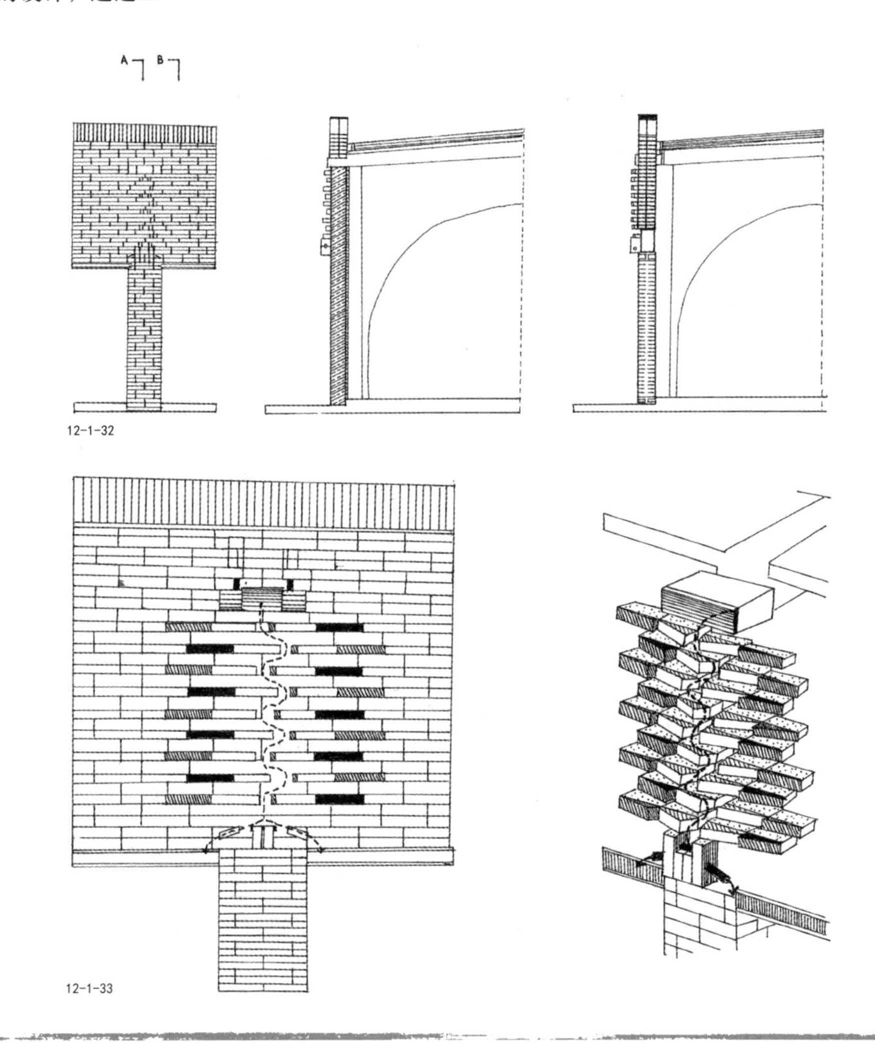

（二）国外建筑案例赏析

图12-2-1
装置鸟瞰图
图12-2-2
装置俯视图
图12-2-3
装置近景图

装置pavilion设计

时间：2018年

团队：Michan Architecture

地址：墨西哥城

装置位于墨西哥核心历史街区阿拉米达中心，是MEXTR·POLI2018建筑论坛的展品之一，整体由红砖砌成，内部呈现出一个颠倒的拱顶，运用反向的叠涩砌法，装置外部是方整连续的墙壁，似由砖砌的“方盒子”，与内部的圆拱形成了鲜明的对比。红砖砌成的质感热情浓烈，与墨西哥城历史街区气质非常融合（图12-2-1～图12-2-3）。

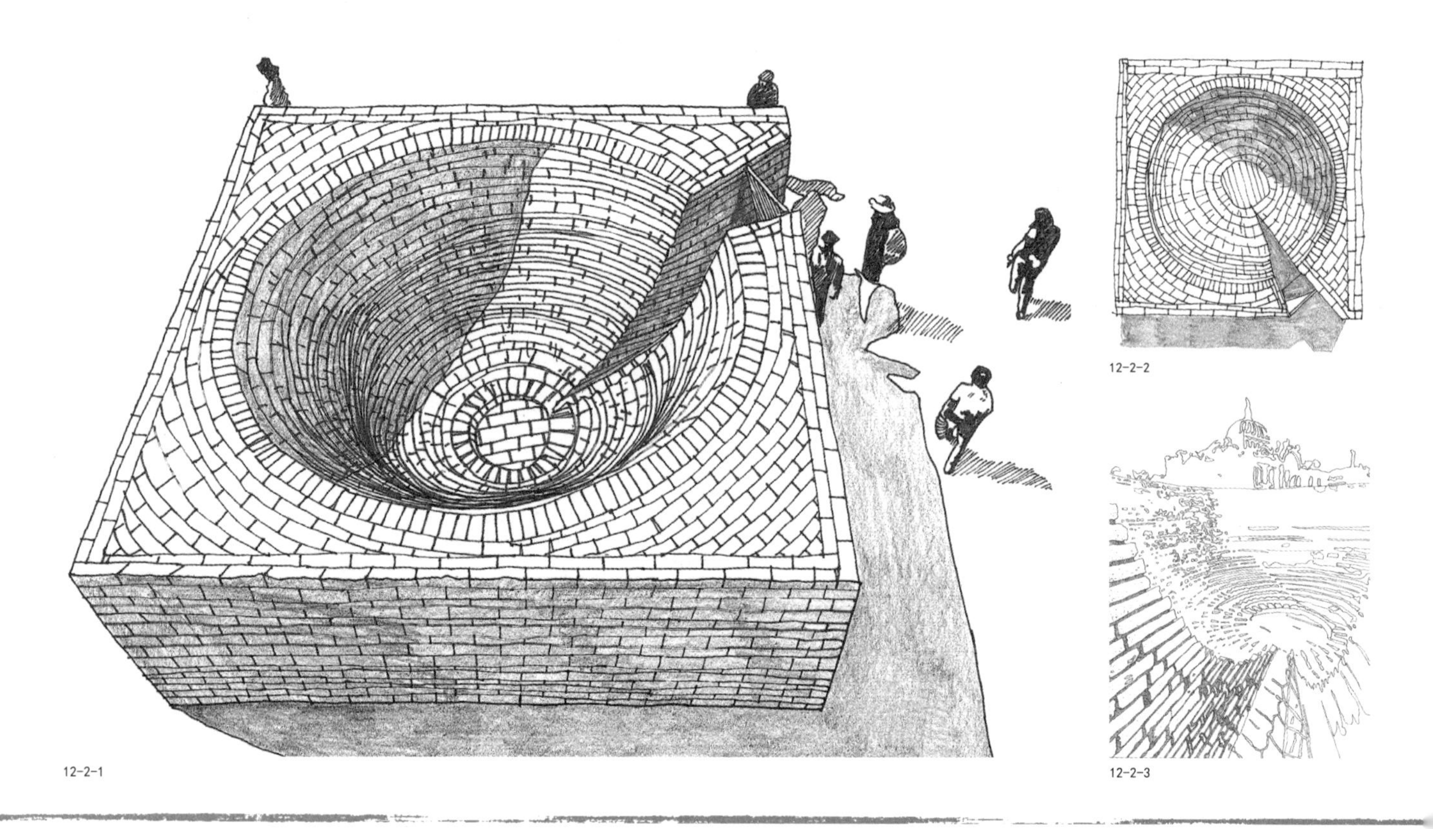

12-2-1

12-2-2

12-2-3

埃克塞特图书馆

建成时间：1972年

设计师：路易斯・康

地址：美国新罕布什尔州埃克塞特学院

埃克塞特图书馆以“立方体”形态屹立在一片平整的青草地上，外墙为规律排列组合的承重砖墙，其上规整的竖向开窗。每个窗洞顶部都未设置承重梁，而是竖向砖块码成的倒梯形“水平拱”。随着层数增加，开窗宽度增大，窗洞顶部的倒梯形“水平拱”也顺次加厚，体现了严谨的承重逻辑关系。

这座建筑共有8层，但建筑室外只有5排外窗，是建筑师通过逐步变大的开洞进行视觉掩饰，中间的3层较高的窗洞以木质棚架为分隔，暗示其后面为两层（图12-2-4）。

图12-2-4

埃克塞特图书馆

12-2-4

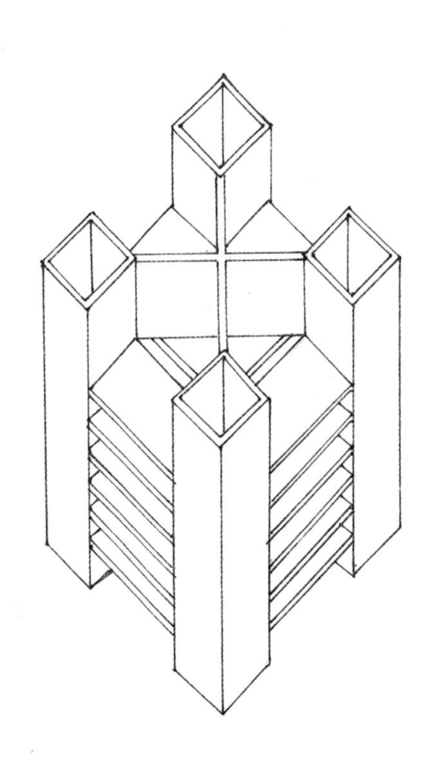

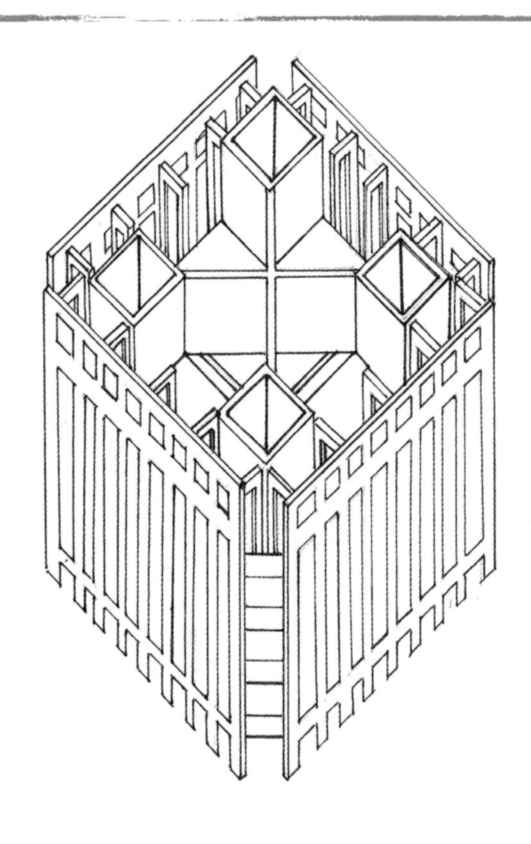

12-2-5

图12-2-5

埃克塞特图书馆结构分析1

图12-2-6

埃克塞特图书馆结构分析2

图书馆的原本方案是通体砖墙建筑，但整体砖墙的承重结构并不能支持书籍的重量和建造预算。于是路易斯·康将整个建筑的结构分成了三层。

第一层级是深4.9m的外砖构墙承重，建筑内部是主阅览区，拥有良好的自然光（图12-2-5~图12-2-9）。

第二层级是钢筋混凝土构架系统，满足了书籍重量所需要的承重结构。而竖向管道井、消防楼梯和电梯等“服务空间”则被放置在四个角落的核心筒之中。

第三层级是环绕建筑物内采光中庭、有四个圆形大开口的混凝土承重墙体，该墙体与核心筒共同负担了结构功能。路易斯·康曾说：“图书馆空间的起源来自一个人拿着一本书走向光明。”站在一层大厅中庭，能够感受到自然光散落在混凝土结构之上形成的神圣十字架。

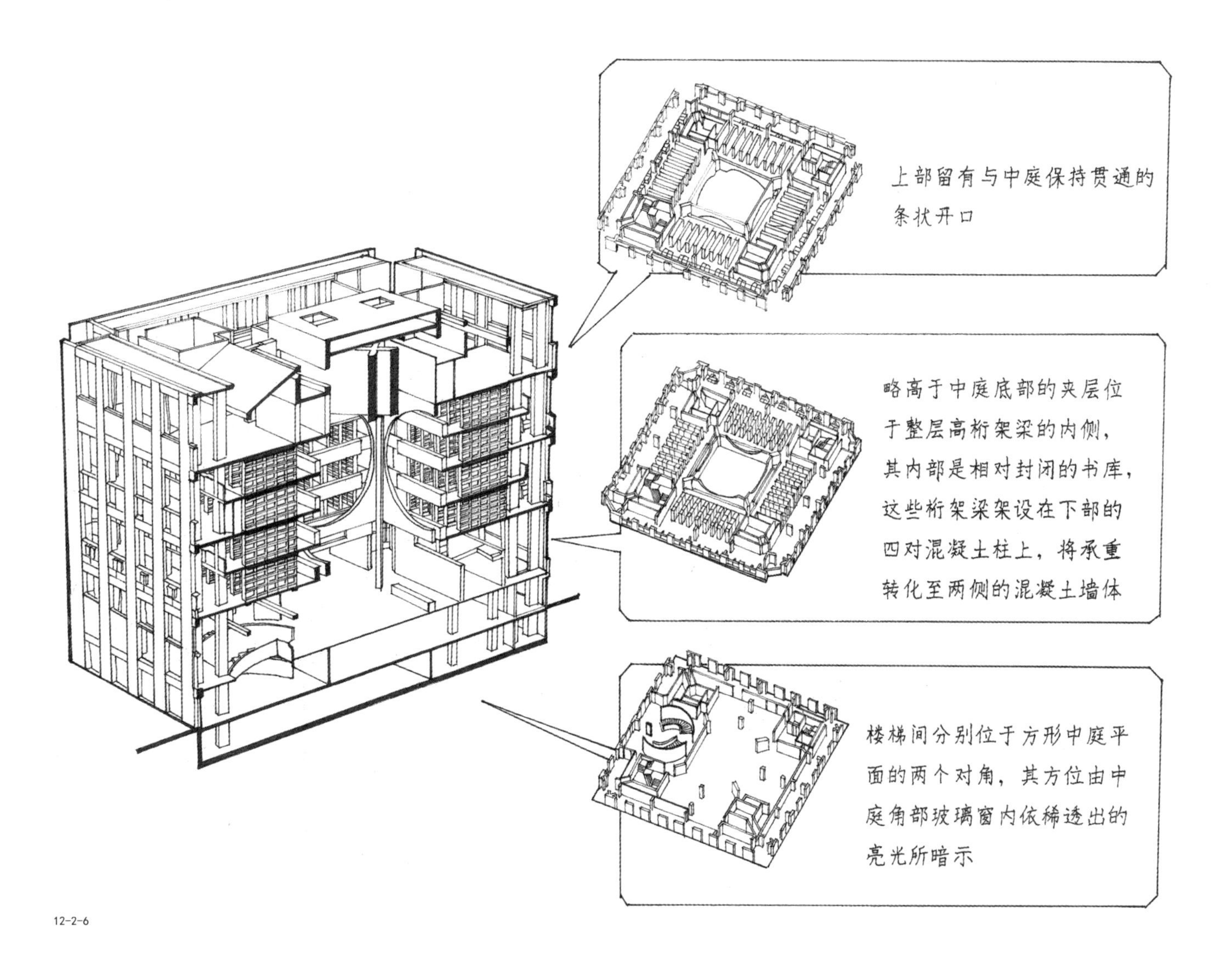
上部留有与中庭保持贯通的条状开口
略高于中庭底部的夹层位于整层高桁架梁的内侧，其内部是相对封闭的书库，这些桁架梁架设在下部的四对混凝土柱上，将承重转化至两侧的混凝土墙体
楼梯间分别位于方形中庭平面的两个对角，其方位由中庭角部玻璃窗内依稀透出的亮光所暗示

12-2-6

12-2-7

12-2-8

12-2-9

图12-2-7

埃克塞特图书馆内部1

图12-2-8

埃克塞特图书馆内部2

图12-2-9

埃克塞特图书馆内部3

让大象重回家园——大象博物馆

时间：2020年

团队：Bangkok Project Studio

材料：砖石、玻璃

地址：泰国普仁寺

图12-2-10

大象博物馆鸟瞰

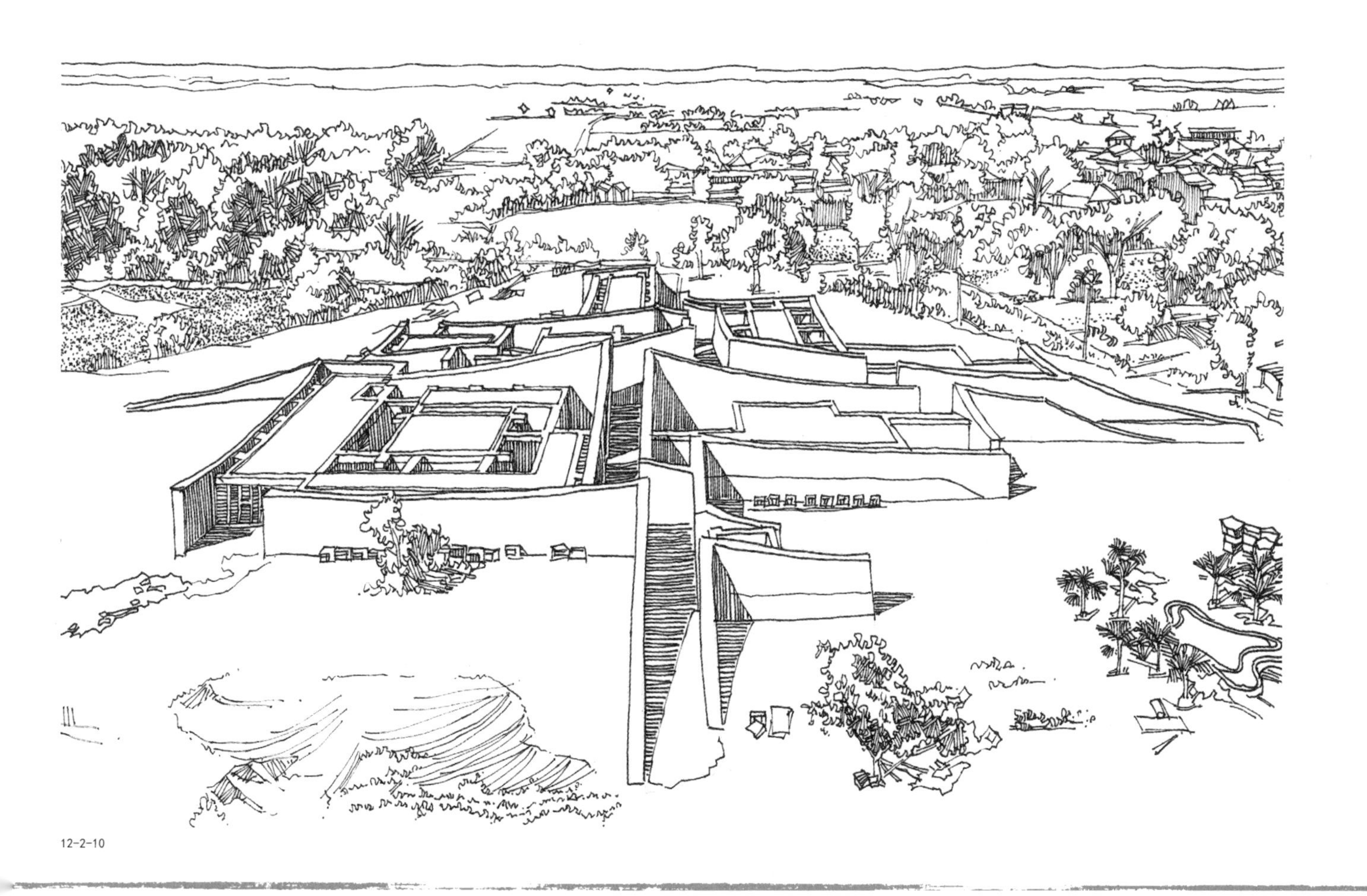

12-2-10

大象于泰国而言意义特殊，特别是对于普仁寺当地少数民族，大象是战友亦是伙伴。针对普仁寺环境破坏所导致的大象生存空间压缩等问题，当地政府为大象着力打造了一个舒适的生活空间——大象博物馆。

博物馆立于平坦的大地景观上，高低错落的弧形墙面，犹如从大地中“生长”出来，给大象和游客提供了不同的交流方式。墙面的倾斜设置，如同导视线指引游客进入建筑内部（图12-2-10～图12-2-12）。

12-2-11

12-2-12

图12-2-11

大象博物馆近景1

图12-2-12

大象博物馆近景2

图12-2-13
大象博物馆近景3
图12-2-14
大象博物馆近景4
图12-2-15
大象博物馆近景5

建筑主体分为四个尺寸各异的庭院式展览画廊。庭院内通过设置水池和铺设红土来模拟大象原有的生活环境。户外设有不同尺寸的道路供人与大象活动。设计师希望通过对原有自然空间元素的复刻以及大象生活习性的考量，来重塑人与大象之间的情感联结。

除了对建筑主体形式进行设计，设计师还对建筑所产生的光影变化进行了特定考量。为了让空间可以适应一天的光照变化，设计师将庭院与外墙也用于展览，赋予对应休息空间冥想功能。

项目共使用超过480万块由当地土壤手工烧制的黏土砖。对于当地居民，项目的建设过程间接为他们提供了就业机会和阶段性收入，同时也让他们看到了本地材料所蕴含的价值。设计师希望，大象博物馆的建成可以终止大象与当地族人流亡的命运，重拾民族自信（图12-2-13～图12-2-15）。

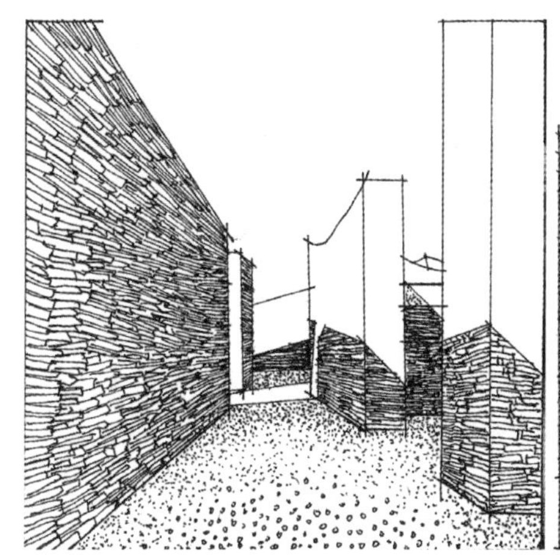
12-2-13

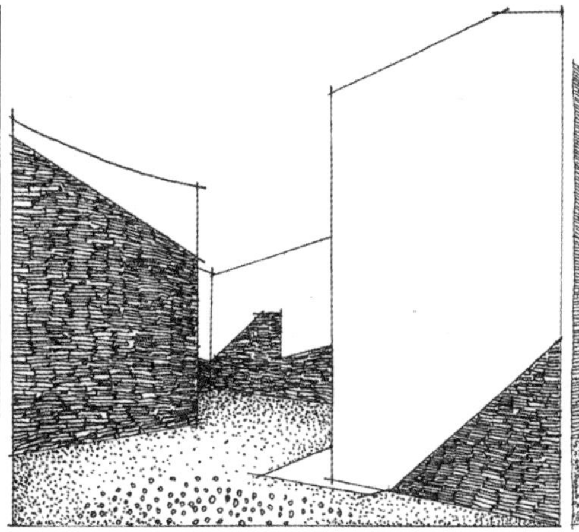
12-2-14

12-2-15

附录　图片来源　（全文内容皆为学科项目小组整理绘制）

土石 篇

一、
图1-1-1（穆钧，周铁钢．新型夯土绿色民居建造技术指导图册[M]．北京：中国建筑工业出版社，2014.）
图1-1-2～图1-1-7（根据网络图片整理绘制）
图1-1-8～图1-1-10、图1-1-17、图1-1-22～图1-1-46［中华人民共和国住房和城乡建设部．中国传统民居类型全集（上、中、下册）[M]．北京：中国建筑工业出版社，2014.］
图1-1-11～图1-1-16（根据网络图片整理绘制）
图1-1-18～图1-1-21（根据网络图片整理绘制）
图1-2-1［（英）斯蒂芬·加德纳．人类的居所：房屋的起源和演变[M]．于培文，译．北京：北京大学出版社，2006.］

二、
图2-1-1～图2-1-3、图2-2-7、图2-2-14、图2-2-15（王帅．现代夯土建造工艺在建筑设计中的应用研究[D]．西安：西安建筑科技大学，2015.）
图2-2-1～图2-2-4、图2-2-8～图2-2-13、图2-2-16（穆钧，周铁钢．新型夯土绿色民居建造技术指导图册[M]．北京：中国建筑工业出版社，2014.）
图2-2-5、图2-2-6（CRATere-ENSAG）

三、
图3-1-1、图3-1-4、图3-1-6、图3-1-7（中国科学院自然科学史研究所．中国古代建筑技术史[M]．北京：科学出版社，1985.）
图3-1-2［（清）孙家鼐，张百熙．钦定书经图说[M]．天津：天津古籍出版社，2007.］
图3-1-3、图3-1-8～图3-1-10（刘大可．中国古建筑瓦石营法[M]．北京：中国建筑工业出版社，1993.）
图3-1-5（谭徐明．中国灌溉与防洪史[M]．北京：中国水利水电出版社，2005.）
图3-1-11～图3-1-13、图3-2-1（CRATerrc 整理绘制）
图3-2-2（Marc AUZET and Juliette GOUDY）
图3-2-3（Earth Construction 整理绘制）
图3-2-4（Martin Rauch 整理绘制）

四、
图4-1-2、图4-1-3、图4-1-8、图4-1-9（西安美术学院工作营照片、作业等转绘）
图4-1-1、图4-1-4～图4-1-7、图4-1-10、图4-1-11（嵇鹤、陈彦臻拍摄，整理绘制）
图4-2-1～图4-2-43（根据网络图片整理绘制）

竹木 篇

五、
图5-2-1、图5-2-2、图5-3-1（根据网络图片整理绘制）
图5-4-1（整理自绘）

六、
图6-1-1～图6-1-3、图6-2-1～图6-2-7（根据网络图片整理绘制）
图6-2-8～图6-2-11（整理自绘）

七、
图7-1-1～图7-1-19（根据网络图片整理绘制）
图7-2-1、图7-2-2、图7-3-1、图7-3-2（根据网络图片整理绘制）
图7-3-4、图7-3-5（根据网络图片整理绘制）
图7-3-6（梁思成. 中国建筑史[M]. 天津：百花文艺出版社，2005. ）
图7-3-7（根据网络图片整理绘制）

八、
图8-1-1～图8-1-58（根据网络图片整理绘制）
图8-2-4～图8-2-11（西安美术学院工作营照片、作业等转绘）

砖瓦 篇

九、
图9-2-1～图9-2-5、图9-3-1～图9-3-3、图9-5-1～图9-5-4（根据网络图片整理绘制）
图9-5-5、图9-5-12［中华人民共和国住房和城乡建设部. 中国传统民居类型全集（上、中、下册）[M]. 中国建筑工业出版社，2014.］
图9-5-6～图9-5-11（根据网络图片整理绘制）
图9-5-13～图9-5-58（根据网络图片整理绘制）

十、
图10-3-1～图10-3-19、图10-4-1、图10-4-2（根据网络图片整理绘制）

十一、
图11-1-1（刘大可. 中国古建筑瓦石营法[M]. 北京：中国建筑工业出版社，1993.）
图11-2-1～图11-2-3（中国科学院自然科学史研究所. 中国古代建筑技术史[M]. 北京：科学出版社. 1985）
图11-3-1（李浈. 中国传统建筑形制与工艺[M]. 上海：同济大学出版社，2006.）
图11-3-2、图11-3-3（根据网络图片整理绘制）
图11-3-4（刘大可. 中国古建筑瓦石营法[M]. 北京：中国建筑工业出版社，1993.）

十二、
图12-1-1～图12-1-33、图12-2-1～图12-2-15（根据网络图片整理绘制）

参考文献

土石 篇

一、
[1] 中华人民共和国住房和城乡建设部. 中国传统民居类型全集（上、中、下册）[M]. 北京：中国建筑工业出版社，2014.
[2] 苏毅. 香格里拉县藏式“闪片房”民居屋面研究[J]. 建筑与文化，2016（10）：148-150.
[3] 刘敦桢. 中国古代建筑史[M]. 北京：中国建筑工业出版社，1984.
[4] 葛承雍. “胡墼”与西域建筑[J]. 寻根，2000（5）：100-106.
[5] 佚名. 河南偃师二里头早商宫殿遗址发掘简报[J]. 考古，1974（4）：19.
[6] 林嘉书. 土楼：凝固的音乐和立体的诗篇[M]. 上海：上海人民出版社，2006.
[7] （英）斯蒂芬·加德纳. 人类的居所：房屋的起源和演变[M]. 于培文，译. 北京：北京大学出版社，2006.

二、
[8] 王帅. 现代夯土建造工艺在建筑设计中的应用研究[D]. 西安：西安建筑科技大学，2015.
[9] 穆钧，周铁钢. 新型夯土绿色民居建造技术指导图册[M]. 北京：中国建筑工业出版社，2014.

三、
[10] 中国科学院自然科学史研究所. 中国古代建筑技术史[M]. 北京：科学出版社，1985.
[11]（清）孙家鼐，张百熙. 钦定书经图说[M]. 天津：天津古籍出版社，2007.
[12] 刘大可. 中国古建筑瓦石营法[M]. 北京：中国建筑工业出版社，1993.
[13] 谭徐明. 中国灌溉与防洪史[M]. 北京：中国水利水电出版社，2005.

四、
[14] 根据网络图片整理绘制

竹木 篇

五、
[1] 马妮. 传统木作手艺与现代器具的共生设计研究[D]. 长沙：中南林业科技大学，2015.
[2] 杨俊. 中国古代建筑植物材料应用研究[D]. 南京：东南大学，2016.

[3] 银佳慧. 传统文化在现代室内环境设计中的应用策略研究[J]. 艺术大观，2020（28）：65-66.
[4] 王慧慧. 浅析竹编工艺在文创产品中的应用[J]. 大众文艺，2021（15）：65-66.
[5] 杨俊. 中国古代建筑植物材料应用研究[D]. 南京：东南大学，2016.
[6] 沈丹. 现代竹编织产品设计应用研究[D]. 杭州：浙江农林大学，2018.
[7] 李乾，周晓辉. 东阳市蔡宅村竹编工艺文化及其保护研究[J]. 大众文艺，2019（17）：128-129.
[8] 张颖. 编织艺术的多元化表现[D]. 长春：吉林艺术学院，2017.
[9] 王超. 基于环境伦理观的建筑形态分析研究[D]. 昆明：昆明理工大学，2016.
[10] 汪丽君，张晰，杨凯. 自然重塑——生土材料在当代建筑设计中的建构逻辑研究[J]. 建筑学报，2012（S1）：114-117.
[11] 刘姝均. 榫卯结构在木构建筑中的传承与发展分析[J]. 居舍，2021（20）：175-176.
[12] 马晓. 中国古代建筑史纲要[M]. 南京：南京大学出版社，2020.
[13] 施煜庭. 现代木结构建筑在我国的应用模式及前景的研究[D]. 南京：南京林业大学，2006.

六、
[14] 邓福平. 探究楠竹竹材加工利用工艺技术[J]. 花卉，2019，（22）：174-175.
[15] 时迪. 对中国竹家具可持续设计问题的探析[D]. 哈尔滨：东北林业大学，2013.
[16] 俞禹滨. 竹、木、砖、瓦：当代建筑中乡土材料的运用[D]. 南昌：南昌大学，2012.
[17] 盛男. 竹材料在建筑中的应用研究[D]. 上海：东华大学，2012.
[18] 张宗登. 竹材的肌理表现力研究[J]. 世界竹藤通讯，2011，9（5）：12-16.
[19] 张小开. 多重设计范式下竹类产品系统的设计规律研究[D]. 无锡：江南大学，2009.

七、
[20] 潘若琳. 竹制品的应用及其创新设计方法研究[D]. 长沙：中南林业科技大学，2011.
[21] 马良义. 竹工艺文化及开发利用研究[D]. 南京：南京农业大学，2011.
[22] 付帅，陈泽华，杨小军，王佳阳，刘嘉敏. 我国穿斗式木结构建筑研究现状与发展建议[J]. 林产工业，2021，58（5）：38-41.
[23] 吴梦. 重庆吊脚楼民居建筑与环境因素的关联性研究[J]. 居舍，2021（10）：13-14.
[24] 陈柳. 公弄布朗族的传统居住文化[J]. 西南民族大学学报（人文社科版），2007（6）：44-46.
[25] 海心. 叹为观止的建筑透视画 读《穿墙透壁》[J]. 中华建设，2017（2）：64-65.
[26] 赵智慧. 浅谈独乐寺观音阁斗栱细部构造[J]. 文物建筑，2019（00）：120-130.
[27] 肖佳琦. 历史建筑原真性与修复的矛盾——以应县木塔为例[J]. 建筑与文化，2021（10）：107-109.

八、
[28] 谢元瑞．竹子在园林和建筑中应用的研究[D]．福州：福建农林大学，2011.
[29] 西美建筑环境艺术系毕业季教学平行展《传统竹编与空间设计实践课堂》成现场亮点．陕西教育新闻．华商网教育.

砖瓦 篇

九、
[1] 中华人民共和国住房和城乡建设部．中国传统民居类型全集（上、中、下册）[M]．北京：中国建筑工业出版社，2014.
[2] 湛轩业．关于《对我国古代砖瓦起源问题的探讨》一文的商榷[J]．砖瓦世界，2016（10）：6-15.
[3] 陈希．秦汉瓦当纹饰之审美文化研究[J]．蚌埠学院学报，2016，5（4）：59-62.
[4] 俞禹滨．竹、木、砖、瓦：当代建筑中乡土材料的运用[D]．南昌：南昌大学，2012.
[5] 刘斌．陶砖在建筑环境装饰中的表现形式[D]．西安：西安建筑科技大学，2011.

十、
[6] 胡利清．砖言瓦语谈砖雕[J]．美术教育研究，2019（15）：46-47.
[7] 韩岩岩．中国传统砖雕艺术浅析[J]．黑河学院学报，2016，7（5）：183-184.
[8] 郭慧玲．传统砖雕的装饰艺术及其传承发展研究[D]．武汉：湖北工业大学，2011.
[9] 刘显波，郭慧玲．传统砖雕艺术的历史价值及其发展前景展望[J]．科教文汇（上旬刊），2011（2）：120-122.
[10] 刘娟．中国传统建筑营造技术中砖瓦材料的应用探析[D]．太原：太原理工大学，2009.
[11] 张晶．中国砖雕艺术概述[J]．装饰，2002（2）：6-7.

十一、
[12] 刘大可．中国古建筑瓦石营法[M]．北京：中国建筑工业出版社，1993.
[13] 李浈．中国传统建筑形制与工艺[M]．上海：同济大学出版社，2006.
[14] 李雪艳．《天工开物》的明代工艺文化[D]．南京：南京艺术学院，2012.

后记

《匠意之材——土石·竹木·砖瓦》强调“物尽其用·就地取材”，是乡土材料在地方物质文化传承中文化物态的表现，也是在历史的文化载体中，随着时间的流转扩展本体物态语汇成为社会秩序内里文化的生长基因，更是认知传统成为当代解读设计的钥匙。图书的编写是通过绘制记录的方式剖析研究对象，是基于学科建设项目“‘一带一路’创意设计与研究——生土材料与技术概念下的空间营造”“学科统筹——艺术空间材料新型设计研究”之后的深度推进，该书目是西安美术学院建筑环境艺术系多年学科高地建设项目的研究爬疏与整合，因此具备一定的前期教学实践认知，是在原有学科项目基础上的编录。

后期学科项目团队策划了“艺术空间传统原生材料设计研究绘制工作营”，携手10名研究生经过数月收集、整理工作，完成了现有不同章节的资料整合内容，同时有22名本科学生投入大量精力共同精心完成现有资料的绘制内容。

书目编录过程中，“土石、竹木、砖瓦”的大量资料收集与临摹绘制，除西安美术学院建筑环境艺术系周维娜、胡月文、王娟、周靓、石丽等师生协力合作外，首要感谢北京建筑大学的穆均教授和蒋蔚老师，通过讲座、研讨会和亲临“夯筑工作营”等方式力邀参与到教学指导实践中，长期支持了我系的学科项目教学活动，期间蒋蔚老师还为我们提供了大量一手的生土学术资料，在此表达深深的敬意；同时亦感谢北京建筑大学的蒋蔚老师和西安建筑科技大学李少翀老师，在项目“绘制工作营”期间的加持与鼎力相助，为学生举行了夯土及砖瓦原生材料的专业体系知识讲座，在对传统建筑原生材料生发的物理属性深度剖析之外，还从历史学与地理学的角度进行了相关研究对象的渊源讲解，使工作营内容更为饱满，契合了研究打深井的需要，尤其通过专业引导，激发学生对地域传统建筑、新型传统材料设计与建造的认知兴趣，也对现代建筑在原生材料与施工工艺上的深耕有了更为全面的理解。

在此亦对中国建筑出版传媒有限公司（中国建筑工业出版社）唐旭主任、孙硕编辑表达感谢，感谢长期以来对西安美术学院环境艺术系的教学支持。

现有书目内容虽经斟酌与打磨，但依然多有不足，敬请各方给予指正以达补偏救弊，本着行则将至之心定继续深耕笃行不怠。

胡月文书于初秋

2022 年 9 月

学科项目团队人员

指导教师：

周维娜、胡月文、王娟、周靓、张豪、石丽、丁向磊、李昌峰、夏伟

参与学生：

研究生：资料收集与整理（2020级）
　　土石篇：卢琳、张雅雯、管戴赟
　　竹木篇：刘子涵、杨田依、傅慧雪、洪佳琦、王金玲
　　砖瓦篇：李海洋、朱云

本科生：资料绘制（除标注外，其他为2019级）
　　土石篇：张峻滮、唐诚、迟雪郡、邹佳凌、张嘉蕊、李哲、郭仕德龙（2018级）
　　竹木篇：白乐晨、王金玲、徐知源、叶佳珍、徐念琪、毕艺璇、陈罗桐、王宇欣、夏璨
　　砖瓦篇：郑芷琪、王周宇、褚天舒、宋婧怡、张涪晶、陈秋怡、谭能